普通高等教育"十三五"规划教材

土力学
试验指导

刘 伟　汪权明　主编

U0243809

化学工业出版社

·北京·

内 容 提 要

《土力学试验指导》系统介绍了土工试验的目的、方法、步骤及成果整理方法，主要包括土的含水率试验、密度试验、土粒的比重试验、液塑限联合测定试验、颗粒分析试验、渗透试验、击实试验、固结试验、直接剪切试验和三轴压缩试验等。为了更好地适合学生自学，本书以工程实例导入，试验步骤以思维导图展示，同时还设置了随文思考题和探索性思考题，可扫二维码互动交流。本书试验记录表格可扫二维码下载。

《土力学试验指导》可作为高等学校土木工程、工程力学、交通工程、水利水电工程、岩土工程、地质工程等相关专业教学用书，亦可供从事岩土工程勘察、设计和试验的技术人员参考。

图书在版编目（CIP）数据

土力学试验指导/刘伟，汪权明主编. —北京：化学工业出版社，2020.8

普通高等教育"十三五"规划教材

ISBN 978-7-122-37233-8

Ⅰ.①土… Ⅱ.①刘…②汪… Ⅲ.①土工试验-高等学校-教材 Ⅳ.①TU41

中国版本图书馆 CIP 数据核字（2020）第 103892 号

责任编辑：刘丽菲　赵媛媛　　　　　　装帧设计：关　飞
责任校对：宋　玮

出版发行：化学工业出版社（北京市东城区青年湖南街 13 号　邮政编码 100011）
印　　装：涿州市般润文化传播有限公司
787mm×1092mm　1/16　印张 10　字数 261 千字　　2020 年 9 月北京第 1 版第 1 次印刷

购书咨询：010-64518888　　　　　　售后服务：010-64518899
网　　址：http://www.cip.com.cn

定　　价：29.80 元

《土力学试验指导》编写人员

主　　编：刘　伟　　汪权明　　廖化荣

副主编：刘　旭　　曹文泽　　卢　云

参　　编：刘　伟　　汪权明　　廖化荣　　刘　旭　　曹文泽

　　　　　卢　云　　向　旻　　徐桂弘　　吴安杰

前 言

在世界百年未有之大变局的时代背景下，教育部积极推进新工科建设，先后形成了"复旦共识""天大行动"和"北京指南"等，全力探索形成领跑全球工程教育的中国模式、中国经验，助力高等教育强国建设。

传统工科专业进行改造升级是新工科建设的重要内容，构建以项目为链条的模块化课程体系，深入推进工程实践（技术、实验室）创新中心建设是新工科建设的重要要求，成果导向、产学结合、重实践教学是新工科教育的显著特色。为了积极响应新工科建设要求，编者以项目案例为切入点，从学生主体认知特点出发，通过教学实践，积极探索适合新工科教学的土力学试验教材。

土力学试验是一门生产性试验，对学生的试验操作能力要求较高。同时，土力学试验是地质工程、水利工程、土木工程等工程类专业的一门重要的专业基础试验课，在人才培养中具有重要地位。

土力学试验的教学中往往存在：①试验教学与工程应用相脱节，学生对试验的目的了解不足，学习兴趣不高；②土力学试验过程复杂，步骤繁多，导致学生在学习的过程中容易漏掉或混淆某些试验步骤；③学生对试验中某些步骤为什么这样做理解不到位，试验操作中容易犯各种错误。本教材编写过程中，对教材内容进行以下设计。

一、工程实例导入

本教材中的所有试验均精选工程实例引入，在实例中展示该试验的一个典型应用。通过对案例的分析，加强学生对试验目的的理解，提高学生的学习兴趣，激活学生的知识应用能力。

二、思维导图梳理

针对土力学试验过程复杂的特点，本教材为每一个试验步骤增加小标题，方便学生记忆和梳理。同时，根据程序式知识的习得特点，引入思维导图，让试验过程一目了然。

三、注意事项（试验要点）详解

在注意事项（试验要点）中，除了提示试验中容易出错的地方，更点明了该试验的要点，详叙了如此操作的缘由，使学生知其然，亦知其所以然。

四、思考题引入

试验操作步骤前设有思考题，让学生带着问题做试验，更能理解每一试验步骤；同时在每一个试验后面都设有探索性思考题，方便学生复习与巩固。

为了使试验教学与工程实践相结合，符合时代的需求，本教材根据现行的《土工试验方法标准》（GB/T 50123—2019）编写。本书所有记录表均可下载，请扫封二二维码。

本教材得到贵州省 2017 年一流大学（一期）重点建设项目（项目编号：YLX201711）"土力学"贵州省 2016 年本科高校一流课程建设项目（项目编号：YLDX201628）"土力学"、贵州省科技计划项目（省部级项目，编号：黔科合基础［2019］1143）"贵州山区地灾边坡多结构联合支护体系力学特性研究"、全国高校黄大年式"资源勘查工程教师团队"（教师函［2018］1 号）、贵州省级重点学科（ZDXK［2018］001）、"地质资源与地质工程"、贵州省地质资源与地质工程人才基地（RCJD2018-3）、贵州省岩溶工程地质与隐伏矿产资源特色重点实验室（黔教合 KY 字［2018］486 号）、贵州省普通高等学校隐伏矿床勘测创新团队（黔教合人才团队字［2015］56）、贵州理工学院高层次人才科研启动经费"岩溶地区边坡失稳机理与联合支挡体系力学特征研究"（项目编号：XJGC20190914）、贵州理工学院高层次人才科研启动经费"废弃矿井滑坡的流-固耦合机理实验研究"（项目编号：XJGC20190653）的联合资助。

本书每章首先通过工程案例、试验目的、基本概念、试验方法、试验要求以及注意事项等梳理本章内容，然后分试验，以试验原理、试验仪器设备、试验操作步骤及试验成果整理等为内容逐步介绍，最后附探索性思考题。本书第 1 章由廖化荣老师编写，第 2 章由刘旭老师编写，第 3 章由卢云、曹文泽老师编写，第 6 章～第 8 章、第 10 章～第 14 章由刘伟老师编写，第 4 章、第 5 章、第 9 章、第 15 章由汪权明老师编写，向旻、徐桂弘、吴安杰老师参与了第 1、2、3 章的相关试验方法的编写工作。

本教材由白朝益高级工程师、唐勇副教授审阅，并提出了宝贵意见。同时，本书在编写过程中引用和参考了有关规范规程、教材与论文的有关内容，在此表示由衷的感谢。由于作者水平有限，书中可能存在错误和不妥之处，敬请读者批评指正。

编者

2020 年 6 月

试验须知

在现今时代背景下，技术自主、科技强国成为了时代最强音。作为新一代的大学生或科技工作者，理应大力弘扬大国工匠精神，肩负起科技强国的使命。

土力学试验广泛应用于土木工程、采矿工程、水利工程、铁道工程、公路工程、岩土工程、地下工程、石油工程等领域。本教材每章均设置工程案例，从工程案例中，可以看到土力学试验结果是否准确直接影响工程的稳定性，关系工程和人民生命财产的安全。作为试验人员，须对所测得的每一个参数负责，在试验操作中，须严格按照标准操作，一丝不苟。

为确保试验顺利进行，测得的参数准确可靠，必须做到下列几点。

（1）试验前做好准备工作

① 预习试验的基本原理，确定试验方案，明确本次试验的目的、方法和步骤。

② 试验前应事先熟悉试验中所用到的仪器、设备，阅读有关仪器的使用说明。

③ 必须清楚地知道本次试验需记录的数据项目及数据处理的方法，并事前做好记录表格。

④ 检查实验室安全设施，熟悉安全应急通道，检查水电安全，涉及危险化学品的，应检查危险化学品安全。

（2）试验中严格按规程操作

① 清点试验所需设备、仪器及有关器材，如发现遗缺，应及时报告。

② 对于用电的或贵重的设备及仪器，在接线或布置后应在检查合格后，才能开始试验。

③ 试验时，应有严格的科学作风，认真细致地按照教材或规范中所要求的试验方法与步骤进行。

④ 在试验过程中，应密切观察试验现象，随时进行分析，若发现异常现象，应及时报告与记录。

⑤ 记录下全部测量数据，以及所用仪器的型号及精度、试件的尺寸、量具的量程等。

⑥ 试验记录若不符合要求的，应重做试验。

（3）试验后及时进行数据分析与处理

① 试验后应及时清理仪器，关闭电源和水龙头，杜绝安全隐患。

② 及时进行数据整理和分析，试验方案、试验数据存在问题的，应及时调整试验方案，重新进行试验，严禁私自篡改试验数据。

目 录

1 ▶ 试样制备和饱和 ◀

2 ▶ 含水率试验 ◀

3 ▶ 密度试验 ◀

4 ▶ 土粒比重试验 ◀

5 ▶ 颗粒分析试验 ◀

6 ▶ 界限含水率试验 ◀

7 ▶ 砂土的相对密度试验 ◀

试样制备和饱和

为研究土体的工程地质性质,需要从场地采集的原状样或扰动样送到实验室进行试样制备,然后进行土的各项物理力学性质试验。

工程案例

在广州某软土基坑工程中,为了给基坑设计提供可靠的物理力学参数,进行了固结不排水试验。试验的土样取自该基坑开挖工程同一深度不同取土方向的土体。为了减少试验土样之间的差异,本次试验取样采取人工开挖取土,取土基本上在深约5m的软土层,采取现场切取大块土样,将原状土体按与沉积方向成不同倾角分别切取试样(见图1.1)。

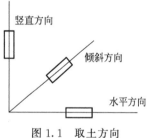

图 1.1 取土方向

每个方向的土样各三个,根据土样所选的深度来设计土样所施加的围压。为了减少对原状粉质黏土的扰动,土样取好后用塑料保鲜膜包好,并用蜡密闭,同时把土样放在一个密闭的大塑料桶中,用湿布封住桶口,以保证试验期间不同时期土样的一致性,避免土样因水分的挥发,含水量降低而引起试验结果的误差。

对所取样品进行三轴压缩试验中的固结不排水试验,试验结果见表1.1。

表 1.1 固结不排水试验

强度参数	沉积方向		
	竖直方向	水平方向	倾斜方向
黏聚力 c/kPa	13.40	11.36	12.86
内摩擦角 φ	5.20°	4.60°	4.78°

结果表明软土典型的各向异性,竖直方向土体抗剪强度大于水平方向土体抗剪强度,而倾斜方向上的值则为介于竖直方向和水平方向相应的值。

★【思考】根据原状土试样制备方法,应选取哪一方向的抗剪强度作为土的抗剪强度?

试验目的

试样的制备和饱和是获得正确试验成果的前提。试样的制备和饱和可分为原状土的试样制备、扰动土的试样制备和试样饱和。试验目的在于为其他土力学试验制备正确的试样。

基本概念

原状土样：原状土样又称不扰动土样，是保持土的天然结构和天然含水率的土样。用于测定天然土的物理、力学性质，如重度、天然含水率、渗透系数、压缩系数和抗剪强度等。

扰动土样：扰动土样是土的天然结构受到破坏或含水率有了改变或二者兼而有之的土样。常用来测定土的粒度成分、土粒密度、塑限、液限、最优含水率、击实土的抗剪强度以及有机质和水溶盐含量等。

土的孔隙逐渐被水填充的过程称为饱和，当土中孔隙全部被水充满时，该土则称为饱和土。

试验方法

本章内容包括扰动土试样制备试验、原状土试样制备试验、试样饱和试验三个试验。

(1) 扰动土试样制备试验

扰动土试样制备试验可分为试样的预备和试样的制备两个环节，其中试样的预备根据试样的不同，又可分为细粒土试样预备和粗粒土试样预备。

① 细粒土试样预备方法（图1.2）。

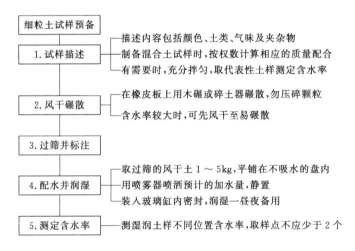

图 1.2　细粒土试样预备方法流程

② 粗粒土试样预备方法（图1.3）。

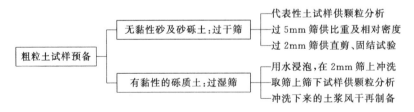

图 1.3　粗粒土试样预备方法流程

③ 扰动土试样制备方法（图1.4）。

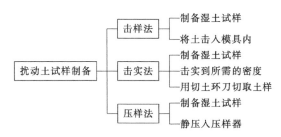

图 1.4　扰动土试样制备流程

　　扰动土试样一般以含水率和密度作为控制指标进行制备。扰动土的制备程序则主要包括风干、碾散、过筛、配水等预备程序以及击实等制备程序。

(2) 原状土试样制备试验 (图 1.5)

　　原状土试样制备应尽可能保持土体的天然结构和天然含水率，同时强调了对土样质量的鉴别，质量不符合要求的原状土样不能做力学性能试验。

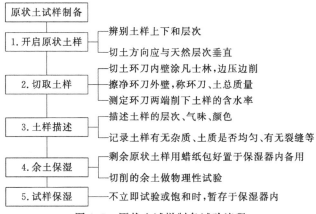

图 1.5　原状土试样制备试验流程

(3) 试样饱和试验

　　土的孔隙逐渐被水填充的过程称为饱和，孔隙全部被水填充的土是饱和土。试样饱和方法视土样的透水性能，可选用毛管饱和法及真空饱和法。

　　① 毛管饱和法 (图 1.6)。

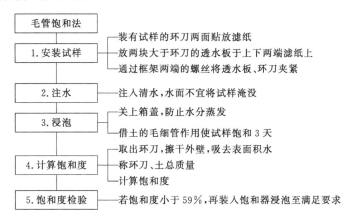

图 1.6　毛管饱和法流程

② 真空饱和法（图1.7）。

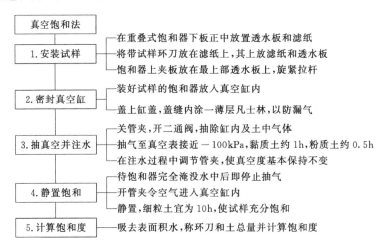

图1.7 真空饱和法流程

（1）试样制备的扰动土和原状土的颗粒粒径应小于60mm。

（2）试样制备的数量视试验需要而定，应多制备1～2个备用。原状土样同一组试样的密度最大允许差值应为±0.03g/cm³，含水率最大允许差值应为±2%；扰动土样制备试样密度、含水率与制备标准之间最大允许差值应分别为±0.02g/cm³与±1%；扰动土平行试验或一组内各试样之间最大允许差值应分别为±0.02g/cm³与±1%。

(1) 扰动土试样制备试验

①细粒扰动土样制备中，对碾散后的黏质土样和砂质土样，应进行过筛程序。筛孔径的大小取决于试验所用仪器容器的大小。如，用于直接剪切试验中的试样颗粒最大粒径不应大于剪切盒内径的1/20（以剪切盒内径为6.18m计），土样需过2mm筛。

②对于黏粒附于砾粒上具有黏性的土，碾磨粉碎的方法不但使大颗粒受到破坏，而且黏附于砾石上的黏土粒也不易脱粒，影响颗粒分析成果。因此应浸泡后过2mm筛。

(2) 原状土试样制备试验

① 原状土的开土、切削、土样描述强调了对土样质量的鉴别。

② 由于原状土开土时的土样描述对于试验成果的分析有很大的用处，所以应对试样编号、取土高程、取土深度、包装与扰动情况、颜色、气味、结构、夹杂物等进行详细描述。

③ 原状土试样制备应注意，环刀切取土样时，应尽量避免切土过程中对土样的扰动。

(3) 试样饱和试验

对于不测孔隙水压力的试验，一般认为饱和度大于95%即为饱和。对于需要测试孔隙水压力参数的试验，如三轴压缩试验、应变控制加荷固结试验对饱和度的要求较高（S_r为98%以上），宜采用二氧化碳或反压力饱和方法。

扰动土试样制备试验

1.1.1 试验原理

扰动土试样制备一般以含水率和密度作为控制指标进行制备。扰动土的制备程序主要包括风干、碾散、过筛、配水等预备程序以及击实等制备程序。扰动土样常用来测定土的粒度成分、土粒密度、塑限、液限、最优含水率、击实土的抗剪强度以及有机质和水溶盐含量等。

1.1.2 试验仪器设备

① 筛（图1.8）：孔径20mm、5mm、2mm、0.5mm。
② 洗筛：孔径0.075mm。
③ 台秤：称量10～40kg，分度值5g。
④ 天平：称量1000g，分度值0.1g；称量200g，分度值0.01g。
⑤ 碎土器：磨土机。
⑥ 击实器：包括活塞、导筒和环刀。
⑦ 其他设备：烘箱（图1.9）、干燥器、保湿器、研钵、木锤、木碾、橡皮板、玻璃瓶、玻璃缸、修土刀、钢丝锯、凡士林、土样标签及盛土器。

图1.8 筛

图1.9 烘箱

1.1.3 试验操作步骤

★【思考】扰动土试样制备的控制目标是什么？采用哪些操作保证？

(1) 扰动土试样预备

① 细粒土试样预备方法。

a. 试样描述。对扰动土试样进行描述,描述内容包括颜色、土类、气味及夹杂物;当有需要时,将扰动土充分拌匀,取代表性土样进行含水率测定。

对不同土层的土样制备混合土试样时,应根据各土层厚度,按权数计算相应的质量配合进行扰动土的预备。

b. 风干碾散。将块状扰动土放在橡皮板上用木碾或碎土器碾散,碾散时勿压碎颗粒;当含水率较大时,可先风干至易碾散为止。

c. 过筛并标注。根据试验所需试样数量,将碾散后的土样过筛(直剪及固结试验扰动土过 2mm 筛,物理性试验的土样过 0.5mm 筛,击实试验的土样过 5mm 筛或 20mm 筛)。过筛后用四分对角取样法或分砂器,取出足够数量的代表性试样装入玻璃缸内,试样应有标签,标签内容包括任务单号、土样编号、过筛孔径、用途、制备日期和试验人员,以备各项试验之用。对风干土,测定风干含水率。

d. 配水并润湿。配制一定含水率的试样,取过筛的风干土 1~5kg,平铺在不吸水的盘内,按式(1.2)计算所需的加水量,用喷雾器喷洒预计的加水量,静置一段时间,装入玻璃缸内密封,润湿一昼夜备用,砂性土润湿时间可酌情减短。

e. 测定含水率。测定湿润土样不同位置的含水率,取样点不应少于 2 个,最大允许差值应为 $\pm 1\%$。

② 粗粒土试样预备方法。

a. 对于无黏性砂及砂砾土,过干筛。对砂及砂砾土,可按四分法或分砂器细分土样。取足够试验用的代表性土试样供颗粒分析试验用,其余过 5mm 筛。筛上和筛下土样分别贮存,供做比重及相对密度等试验。取一部分过 2mm 筛的试样供做直剪、固结力学性试验用。

b. 对于有黏性的砾质土,过湿筛。当有部分黏土依附在砂砾石表面时,先用水浸泡,将浸泡过的土样在 2mm 筛上冲洗,取筛上及筛下代表性的试样供做颗粒分析试验用。

c. 对于冲洗下来的土浆,风干再制备。将冲洗下来的土浆风干至易碾散为止,按细粒土试样预备步骤 b~e 进行预备。

(2) 扰动土试样制备

扰动土试样的制备,根据工程实际情况可分别采用击样法、击实法和压样法。

① 击样法。

a. 制备湿土试样。根据模具(如环刀)的容积及所要求的干密度、含水率,按式(1.3)和式(1.4)计算的用量制备湿土试样。

b. 将土击入模具内。将湿土倒入模具(如环刀)内,并固定在底板上的击实器内,用击实方法将土击入模具(如环刀)内。

② 击实法。

a. 制备湿土试样。根据试样所要求的干密度、含水率,按式(1.3)和式(1.4)计算的用量制备湿土试样。

b. 击实到所需的密度。按 8.1 节击实试验中试样制备步骤和试样击实步骤,将土样击实到所需的密度,用推土器推出。

c. 用切土环刀切取土样。将试验用的切土环刀内壁涂一薄层凡士林,刃口向下放在土样上。用切土刀将土样切削成稍大于环刀直径的土柱。然后将环刀垂直向下压，边压边削，至土样伸出环刀为止。削去两端余土并修平。擦净环刀外壁，称环刀、土总量，准确至0.1g，并测定环刀两端削下土样的含水率。

③ 压样法。

a. 制备湿土试样。根据模具（如环刀）的容积及所要求的干密度、含水率，按式(1.2)和式(1.3)计算的用量制备湿土试样。

b. 静压入压样器。称出所需的湿土量。将湿土倒入压样器内，拂平土样表面，以静压力将土压入。

扰动土样制备试样密度、含水率与制备标准之间最大允许差值应分别为±0.02g/cm³与±1%；扰动土平行试验或一组内各试样之间最大允许差值应分别为±0.02g/cm³与±1%。

1.1.4　试验成果整理

(1) 干土质量

$$m_d = \frac{m_0}{1+0.01 w_0} \qquad (1.1)$$

式中　m_d——干土质量，g；

　　　m_0——风干土质量（或天然湿土质量），g；

　　　w_0——风干含水率（或天然含水率），%。

(2) 土样制备含水率所加水量

$$m_w = \frac{m_0}{1+0.01 w_0} \times 0.01(w' - w_0) \qquad (1.2)$$

式中　m_w——土样所需加水质量，g；

　　　w'——土样所要求的含水率，%。

(3) 制备扰动土试样所需总土质量

$$m_0 = (1+0.01 w_0)\rho_d V \qquad (1.3)$$

式中　ρ_d——制备试样所要求的干密度，g/cm³；

　　　V——计算出击实土样体积或压样器所用环刀容积，cm³。

(4) 制备扰动土样应增加的水量

$$\Delta m_w = 0.01(w' - w_0)\rho_d V \qquad (1.4)$$

式中　Δm_w——制备扰动土样应增加的水量，g。

(5) 扰动土试样制备记录

见表1.2。

表 1.2　扰动土试样制备记录

任务单号		制备日期		计算者	
仪器名称及编号		试验者		校核者	

试样编号	制备标准		所需土质量及增加水量的计算							试样制备						与制备标准之差		备注
	干密度 ρ_d /(g/cm³)	含水率 w' /%	环刀或计算的击实筒容积 V /cm³	干土质量 m_d /g	含水率 w_0 /%	湿土质量 m /g	增加的水量 Δm_w /mL	所需土质量 m /g	制备方法	环刀质量 /g	环刀加湿土质量/g	湿土质量 m /g	密度 ρ /(g/cm³)	含水率 w /%	干密度 ρ_d /(g/cm³)	干密度 ρ_d /(g/cm³)	含水率 w /%	

探索思考题

（1）碾散土样为什么要在橡胶板上用木碾或胶头研钵碾散？

（2）对于有黏性的砾质土，为什么要过湿筛？

1.2　原状土试样制备

1.2.1　试验原理

　　原状土试样制备应尽可能保持土体的天然结构和天然含水率，同时强调了对土样质量的鉴别，质量不符合要求的原状土样不能做力学性试验。对于原状土的试样制备主要包括土样的开启、描述、切取等程序。原状土样用于测定天然土的物理、力学性质，如重度、天然含水率、渗透系数、压缩系数和抗剪强度等。

1.2.2　试验仪器设备

　　① 台秤：称量 10～40kg，分度值 5g。
　　② 天平：称量 1000g，分度值 0.1g；称量 200g，分度值 0.01g。
　　③ 环刀。
　　④ 其他设备：烘箱、干燥器、保湿器、研钵、木锤、木碾、橡皮板、玻璃瓶、玻璃缸、修土刀、钢丝锯、凡士林、土样标签及盛土器。

1.2.3　试验操作步骤

　　★ 【思考】原状土试样制备的关键在于保持天然结构和天然含水率，在试验中是怎么保证的?

(1) 开启原状土样

应小心开启原状土样包装皮,辨别土样上下和层次,整平土样两端。无特殊要求时,切土方向应与天然层次垂直。

(2) 切取土样

将试验用的切土环刀内壁涂一薄层凡士林,刀口向下,放在土样上。用切土刀将土样切削成稍大于环刀直径的土柱。然后将环刀垂直向下压,边压边削,至土样伸出环刀为止。削去两端余土并修平。擦净环刀外壁,称环刀、土总质量,准确至 0.1g,并测定环刀两端削下土样的含水率。切取试样,试样与环刀应密合。

(3) 土样描述

切削过程中,细心观察土样的情况,并描述土样的层次、气味、颜色,同时记录土样有无杂质、土质是否均匀、有无裂缝等情况。

(4) 余土保湿

切取试样后剩余的原状土样,应用蜡纸包好置于保湿器内,以备补做试验之用;切削的余土做物理性试验。

(5) 试样保湿

视试样本身及工程要求,决定试样是否进行饱和,当不立即进行试验或饱和时,将试样暂存于保湿器内。

1.2.4　试验成果整理

原状土开土记录见表1.3。

表 1.3　原状土开土记录

任务单号				进室日期: 年 月 日					
记录者				开土日期: 年 月 日					
试样编号	取土高程	取土深度/m	颜色	气味	结构	夹杂物	包装与扰动情况	其他
室内	野外								

探索思考题

(1) 什么是原状土?什么是扰动土?

(2) 如何对试验土样进行状态描述?

1.3 试样饱和试验

1.3.1 试验原理

　　土的孔隙逐渐被水填充的过程称为饱和，孔隙全部被水填充的土是饱和土。试样饱和方法视土样的透水性能，可选用浸水饱和法、毛管饱和法及真空抽气饱和法。

　　① 砂土可直接在仪器内浸水饱和。

　　② 较易透水的细粒土，渗透系数大于 1×10^{-4} cm/s 时，宜采用毛管饱和法。

　　③ 不易透水的细粒土，渗透系数小于 1×10^{-4} cm/s 时，宜采用真空饱和法；当土的结构性较弱时，抽气可能发生扰动者，不宜采用真空饱和法。

1.3.2 试验仪器设备

图1.10　抽气机

　　① 台秤：称量 10~40kg，分度值 5g。

　　② 天平：称量 1000g，分度值 0.1g；称量 200g，分度值 0.01g。

　　③ 抽气机（附真空表，图1.10）。

　　④ 饱和器（附金属或玻璃的真空缸）。

　　⑤ 其他设备：烘箱、干燥器、保湿器、研钵、木锤、木碾、橡皮板、玻璃瓶、玻璃缸、修土刀、钢丝锯、凡士林、土样标签及盛土器。

1.3.3 试验操作步骤

　　★【思考】毛管饱和法、真空饱和法两种方法分别怎么使试样孔隙充满水的？它们的优缺点是什么？

(1) 毛管饱和法

　　① 安装试样。选用框式饱和器（图1.11），在装有试样的环刀两面贴放滤纸，再放两块大于环刀的透水板于滤纸上，通过框架两端的螺丝将透水板、环刀夹紧。

　　② 注水。将装好试样的饱和器放入水箱中，注入清水，水面不宜将试样淹没。

　　③ 浸泡。关上箱盖，防止水分蒸发，借土的毛细管作用使试样饱和，约需3天。

　　④ 计算饱和度。试样饱和后，取出饱和器，松开螺丝，取出环刀，擦干外壁，吸去表面积水，取下试样上下滤纸，称环刀、土总质量，准确至0.1g，并按式(1.5)或式(1.6)计算饱和度。

$$S_r = \frac{(\rho - \rho_d)G_s}{e\rho_d} \times 100 \qquad (1.5)$$

$$S_r = (wG_s)/e \qquad (1.6)$$

式中　S_r——饱和度，%；

$\quad\quad\quad\rho$——饱和后的密度，g/cm^3；

$\quad\quad\quad G_s$——土粒比重；

$\quad\quad\quad e$——孔隙比；

$\quad\quad\quad \rho_d$——试样的干密度，g/cm^3；

$\quad\quad\quad w$——含水率。

⑤ 饱和度检验。如饱和度小于 95% 时，将环刀再装入饱和器，浸入水中延长饱和时间直至满足要求。

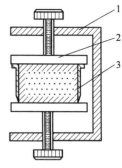

图 1.11　框式饱和器
1—框架；2—透水板；
3—环刀

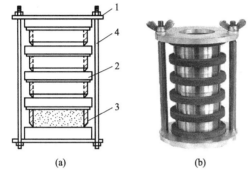

(a)　　　　　　　(b)

图 1.12　重叠式饱和器
1—夹板；2—透水板；3—环刀；4—拉杆

(2) 真空饱和法

① 安装试样。选用重叠式饱和器（图 1.12）或框式饱和器，在重叠式饱和器下板正中放置稍大于环刀直径的透水板和滤纸，将装有试样的环刀放在滤纸上，试样上再放一张滤纸和一块透水板，以此顺序由下向上重叠至拉杆的高度，将饱和器上夹板放在最上部透水板上，旋紧拉杆上端的螺丝，将各个环刀在上下夹板间夹紧。

② 密封真空缸。装好试样的饱和器放入真空缸内（图 1.13），盖上缸盖，盖缝内涂一薄层凡士林，以防漏气。

③ 抽真空并注水。关管夹、开二通阀，将抽气机与真空缸接通，开动抽气机，抽除缸内及土中气体，当真空表接近 -100kPa 后，继续抽气，黏质土约 1h，粉质土约 0.5h 后，稍微开启管夹，使清水由引水管徐徐注入真空缸内；在注水过程中，应调节管夹，使真空表上的数值基本上保持不变。

④ 静置饱和。待饱和器完全淹没水中后即停止抽气，将引水管自水缸中提出，开管夹令空气进入真空缸内，静置一定时间，细粒土宜为 10h，使试样充分饱和。

⑤ 计算饱和度。试样饱和后，取出饱和器，松开螺丝，取出环刀，擦干外壁，吸去表面积水，取下试样上下滤纸，称环刀和土总量，准确至 0.1g，并按式 (1.5) 计算饱和度。

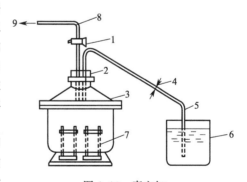

图 1.13　真空缸
1—二通阀；2—橡皮塞；3—真空缸；4—管夹；
5—引水管；6—烧杯；7—饱和器；8—排气管；
9—接抽气机

探索思考题

(1) 在毛管饱和法中，注入清水时，为什么不宜将试样淹没？

(2) 对于需要测试孔隙水压力参数的试验，宜采用什么方法进行饱和？

含水率试验

2

土中水的质量与土粒质量之比，也就是土在105～110℃下烘至恒重时所失去的水分质量与干土质量的比值，称为土的含水率，以百分数计。

📖 工程案例

在道路工程施工中，含水率较高的地基具有承载力低、不能压实、路基无法成行等特点，易导致路面的不均匀沉降，造成桥头跳车等问题。

某湿陷性黄土地区高速公路勘察设计中，常遇到路基的粉质中弱膨胀性黏土的塑性指数、液性指数、天然含水率较高，透水性小，吸湿性大，易丧失稳定性。根据工程经验，此类土含水量应控制在11%～15%，否则碾压时易翻浆。可以通过翻晒、碾压、换填、排水固结等方法进行地基处理。

假设你的试样为取自该高速公路A段路基的粉质中弱膨胀性黏土土样，根据你的含水率试验结果，请计算该试样的含水率，并判断高速公路A段路基是否需要进行地基处理？

📖 试验目的

土的含水率为土中水的质量与土粒质量之比。含水率是表示土含水程度（湿度）的一个重要物理指标，它对黏性土的工程性质有极大影响，如对土的状态、土的抗剪强度以及土的固结变化等。一般情况下，同一类土（尤其是细粒土），当其含水率增大时，其强度就降低。测定土的含水率，了解土的含水状况，也是计算土的孔隙比、液性指数、饱和度及其他物理力学指标不可缺少的一个基本指标。

📖 试验方法

土体是由固体颗粒、水（可以处于液态、固态或气态）和气三部分组成的固、液、气三相体。图2.1所示为土的三相组成示意图。

  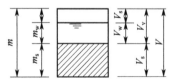

(a) 实际土体　　　(b) 土的三相图　　　(c) 各相的质量与体积

图2.1　土的三相组成示意

试验往往不能直接测量土中水的质量与土粒质量，而是通过测定指标（本书中用下划线标出，图 2.2）换算得到。

$$含水率：w = \frac{m_w}{m_d} \times 100$$

- m_w：土中水的质量 = 湿土质量 − 干土质量
- m_d：干土质量

图 2.2　含水率测量

常用的含水率试验方法为烘干法和酒精燃烧法。

① 烘干法（图 2.3）。

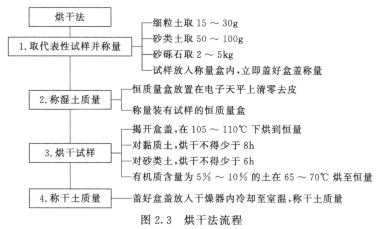

烘干法

1. 取代表性试样并称量
- 细粒土取 15 ～ 30g
- 砂类土取 50 ～ 100g
- 砂砾石取 2 ～ 5kg
- 试样放入称量盒内，立即盖好盒盖称量

2. 称湿土质量
- 恒质量盒放置在电子天平上清零去皮
- 称量装有试样的恒质量盒

3. 烘干试样
- 揭开盒盖，在 105 ～ 110℃ 下烘到恒量
- 对黏质土，烘干不得少于 8h
- 对砂类土，烘干不得少于 6h
- 有机质含量为 5% ～ 10% 的土在 65 ～ 70℃ 烘至恒量

4. 称干土质量
- 盖好盒盖放入干燥器内冷却至室温，称干土质量

图 2.3　烘干法流程

② 酒精燃烧法（图 2.4）。

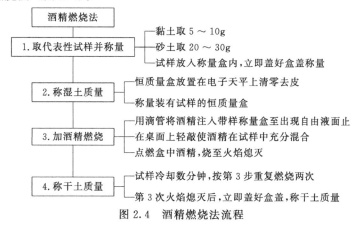

酒精燃烧法

1. 取代表性试样并称量
- 黏土取 5 ～ 10g
- 砂土取 20 ～ 30g
- 试样放入称量盒内，立即盖好盒盖称量

2. 称湿土质量
- 恒质量盒放置在电子天平上清零去皮
- 称量装有试样的恒质量盒

3. 加酒精燃烧
- 用滴管将酒精注入带样称量盒至出现自由液面止
- 在桌面上轻敲使酒精在试样中充分混合
- 点燃盒中酒精，烧至火焰熄灭

4. 称干土质量
- 试样冷却数分钟，按第 3 步重复燃烧两次
- 第 3 次火焰熄灭后，立即盖好盒盖，称干土质量

图 2.4　酒精燃烧法流程

适用范围

本试验以烘干法为室内试验的标准方法。在野外无烘箱设备或要求快速测定含水率时，可用酒精燃烧法测定细粒土含水率（图 2.5）。

土的有机质含量不宜大于干土质量的 5%，当土中有机质含量为 5%～10% 时，仍允许采用本方法进行试验，但应注明有机质含量。

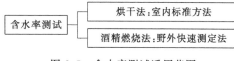

含水率测试
- 烘干法：室内标准方法
- 酒精燃烧法：野外快速测定法

图 2.5　含水率测试适用范围

试验要求

本试验应进行两次平行测定，取其算术平均值，最大允许平行差值应符合表 2.1 的规定。

表 2.1　含水率测定的最大允许平行差值　　　　　　　　　单位：％

含水率	最大允许平行差值
<10	±0.5
10~40	1.0
>40	2.0

土的有机质含量不宜大于干土质量的 5％ ，当土中有机质含量为 5％～10％时，仍允许采用本方法进行试验，但应注明有机质含量。

📖 注意事项（试验要点）

(1) 烘干法

① 土样采用应具有代表性，为了了解全土层综合而概略的天然含水率，可沿土层剖面竖向切取土样，拌和均匀测定；同时尽量选取新鲜土样，取样中应避免采取富含有机质的表土层土样。

② 烘干过程中应注意不得将可燃物，如纸质标签等放入烘箱；土样放入烘箱前，称量盒盒盖应打开放于盒身下，以便于水分蒸发；烘干时间应满足要求。

③ 土样从烘箱中拿出时，应盖上称量盒盒盖，并放在干燥器中冷却，以防止冷却过程中试样吸收空气中水分而返潮。

(2) 酒精燃烧法

① 土样采用同烘干法。

② 为使酒精在试样中水分充分混合均匀，应用滴管注入酒精直至盒中出现自由液面为止，并将盒在桌面上轻轻敲击。

③ 酒精燃烧法多为施工质量控制所采用，该方法准确度较差，当使用烘干法受限时，斟酌采用。

2.1　含水率试验——烘干法

2.1.1　试验原理

烘干法采用将试样放入温度能保持在特定温度的电热烘干箱中烘至恒重测定试样含水率的方法，通过烘干前后试样的质量之差求得水分的含量，进而计算试样含水率。烘干法为室内试验的标准方法。

2.1.2　试验仪器设备

① 烘箱：采用电热烘箱或温度能保持 105～110℃ 的其他能源烘箱；

② 电子天平：称量 200g，分度值 0.01g；

③ 电子台秤（图 2.6）：称量 5000g，分度值 1g；

④ 其他：干燥器、称量盒（图 2.7）。

图 2.6 电子台秤

图 2.7 称量盒（铝盒）

2.1.3 试验操作步骤

★【思考】在烘干过程中，挥发的除了水分，还有什么？若取的试样过多，是否会影响烘干的效果？

(1) 取代表性试样并称量

取代表性试样（对于细粒土取 15～30g，对于砂类土取 50～100g，对于砂砾石取 2～5kg）。将试样放入称量盒内，立即盖好盒盖称量，对于细粒土和砂类土称量准确至 0.01g，对于砂砾石称量准确至 1g。

(2) 称湿土质量

先将恒质量盒放置在电子天平或电子台秤上清零，再称量装有试样的恒质量盒，称量结果即为湿土质量。

(3) 烘干试样

揭开盒盖，将试样和盒放入烘箱，在 105～110℃下烘到恒重。烘干时间，对黏质土不得少于 8h；对砂类土不得少于 6h；对有机质含量为 5%～10% 的土，应将烘干温度控制在 65～70℃的恒温下烘至恒重。

(4) 称干土质量

将烘干后的试样和盒取出，盖好盒盖放入干燥器内冷却至室温，称干土质量。

2.1.4 试验成果整理

(1) 含水率计算

应按下式计算，计算至 0.1%：

$$w = \frac{m_w}{m_d} \times 100 = \left(\frac{m_0}{m_d} - 1\right) \times 100 \qquad (2.1)$$

式中　w——含水率，%；

　　m_d——干土质量，g；

　　m_w——土中水质量，g；

　　m_0——风干土质量（或天然湿土质量），g。

2 含水率试验

(2) 烘干法试验记录表

见表 2.2。

表 2.2　含水率试验记录

任务单号					试验者			
试验日期					计算者			
天平编号					校核者			
烘箱编号								
试样编号	试样说明	盒号	盒质量/g	盒加湿土质量/g	盒加干土质量/g	水分质量/g	干土质量 m_d/g	含水率 w/%	平均含水率 $\overline{w}$/%
			(1)	(2)	(3)	(4)=(2)-(3)	(5)=(3)-(1)	(6)=$\frac{(4)}{(5)}\times100$	(7)

探索思考题

（1）为什么称量盒的盒身和盒盖都要编号？

（2）在烘干法中，为什么取好试样后要立即盖好称量盒盒盖？试样放入烘箱时，为什么要打开盒盖？试样烘干后，为什么要立即盖好盒盖？

（3）如何使用烘箱和干燥器？使用烘箱烘干含水试样时，其温度应控制在多少度？

（4）在土样烘干后，为避免冷却过程中返潮，是否可以立即称量？

（5）如果烘干后的试样在空气中冷却，对试验结果有何影响？

（6）有机质含量大于干土质量 5% 的土样在烘干时应注意什么？如果按黏质土进行烘干，对试验结果有何影响？

2.2　含水率试验——酒精燃烧法

2.2.1　试验原理

酒精燃烧法是在土中加入酒精并点火燃烧使土中水分蒸发以测定试样含水率的方法。该方法利用酒精和水极易混合的特点，把酒精洒在土上，使土中水分溶于酒精，在酒精燃烧过程中水分蒸发，将土烧干。在野外当无烘箱设备或要求快速测定含水率时，可用酒精燃烧法测定细粒土含水率。

2.2.2　试验仪器设备

① 电子天平：称量 200g，分度值 0.01g；

② 酒精：纯度不得小于95%；

③ 其他：称量盒、滴管、火柴、调土刀。

2.2.3　试验步骤

★ 【思考】为什么用酒精燃烧，而不用汽油？

(1) 取代表性试样并称量

取代表性试样（对于黏土取5~10g，对于砂土取20~30g）。将试样放入称量盒内，立即盖好盒盖，称量，细粒土、砂类土称量应准确至0.01g，砂砾石称量应准确至1g。

(2) 称湿土质量

先将恒质量盒放置在电子天平或电子台秤上清零，再称量装有试样的恒质量盒，称量结果即为湿土质量。

(3) 加酒精燃烧

用滴管将酒精注入放有试样的称量盒中，直至盒中出现自由液面为止。为使酒精在试样中充分混合均匀，可将称量盒盒底朝下在桌面上轻轻敲击；点燃盒中酒精，烧至火焰熄灭。

(4) 称干土质量

将试样冷却数分钟，按步骤（3）重复燃烧两次。当第3次火焰熄灭后，立即盖好盒盖，称干土质量，称量应准确至0.01g。

2.2.4　试验成果整理

(1) 含水率计算

应按式(2.1)计算。

(2) 酒精燃烧法试验记录表

酒精燃烧法试验记录表见表2.2。

探索思考题

（1）为什么称量盒的盒身和盒盖都要编号？

（2）取有代表性试样时，为什么对于砂土取20~30g，而对于黏土取5~10g？

（3）第3次火焰熄灭后，为什么要立即盖好称量盒盒盖？

（4）有机质含量大于干土质量5%的土样在烘干时应注意什么？如果按黏质土进行烘干，对试验结果有何影响？

3

密度试验

　　土的密度是指土的单位体积质量，是土的基本物理性质指标之一，其单位为 g/cm³。当用国际单位制计算土的重力时，由土的质量产生的单位体积的重力称为重度 γ，又称容重，其单位是 kN/m³。重度由密度乘以重力加速度求得，即 $\gamma = \rho g$。土的密度一般是指土的湿密度 ρ，相应的容重称为湿容重 γ，除此以外还有土的干密度 ρ_d、饱和密度 ρ_{sat} 和有效密度 ρ'。

📖 工程案例

　　该土质边坡由三个土层组成，从上到下依次为粉土质砂、低塑性黏土、粉质砂土。岩土层具体的力学参数见表 3.1 岩土材料参数表。

表 3.1　岩土材料参数

岩土层	重度 $\gamma/(kN/m^3)$	内摩擦角 $\varphi_{ef}/(°)$	黏聚力 c_{ef}/kPa	饱和重度 $\gamma_{sat}/(kN/m^3)$
粉土质砂	18	29	5	20
低塑性黏土	20	21	30	22
粉质砂土	18	26.5	12	20

　　该边坡为一个拟开挖边坡，边坡的典型地质剖面如图 3.1，其中①为粉土质砂，②为低

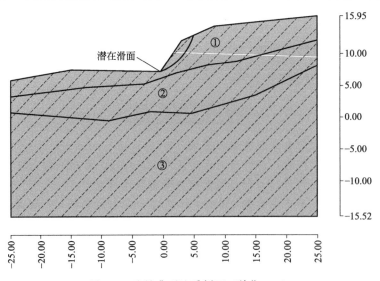

图 3.1　边坡典型地质剖面（单位：m）

塑性黏土，③为粉质砂土。

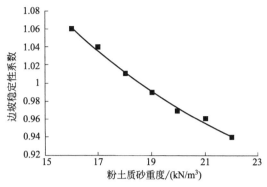

该剖面在不考虑地下水的情况下，采用毕肖普法（Bishop 法）对天然工况进行了边坡稳定性分析，潜在破坏面仅穿过粉土质砂层，边坡稳定性系数为 1.02，拟开挖边坡处于欠稳定状态。在检查土工试验报告时发现①粉土质砂的重度数据不可靠。在其他条件不变的情况下，对①粉土质砂的重度与边坡稳定性系数之间的关系进行分析，分析结果如图 3.2。

图 3.2 粉土质砂重度与边坡稳定性系数关系

★【思考】假设你的试样为采自该边坡的粉土质砂，请根据你的试验结果计算重度（$\gamma = \rho g$），并从图 3.2 中查询边坡的稳定性系数。若试验结果存在 ±10% 的误差，请从图 3.2 中查询由重度误差导致的边坡稳定性系数的误差范围。

📖 试验目的

测定土的湿密度，可反映其受重力情况，同时可了解土的疏密和干湿状态，供换算土的其他物理性质指标和工程设计以及控制施工质量之用。土的湿密度是进行挡土墙压力计算、土坡稳定性验算、地基承载力和沉降量估算以及路基路面施工填土压实度控制的重要指标之一。

📖 试验方法

(1) 环刀法

环刀法是采用一定体积环刀切取土样并称土质量的方法，环刀内土的质量与体积之比即为土的密度。

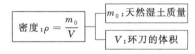

其试验流程如图 3.3。

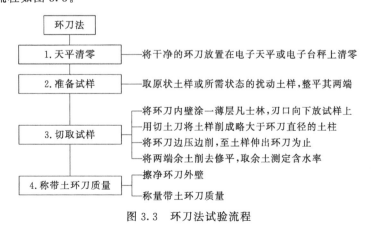

图 3.3 环刀法试验流程

(2) 蜡封法

蜡封法是将已知质量的土块浸入熔化的石蜡中，使试样完全被一层蜡膜外壳包裹。通过分别称得带蜡壳的土样在空气中和水中的质量,根据浮力原理计算出带蜡壳的土样体积,其减去蜡壳体积即得样品总体积,进而计算出土的密度。蜡封法计算见图3.4。

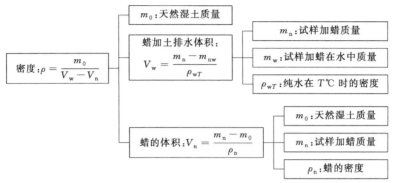

图 3.4　蜡封法计算

蜡封法试验流程见图3.5。

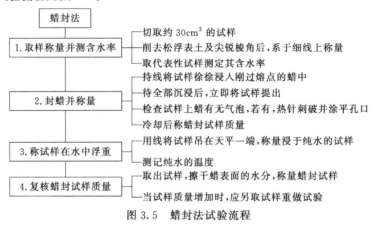

图 3.5　蜡封法试验流程

📖 **适用范围**

　　无论室内试验还是野外勘察以及施工质量控制中均需要测定土的密度。测定土密度的方法常用的有环刀法、蜡封法、灌砂法和灌水法等。环刀法操作简便且准确,在室内和野外均普遍采用,但环刀法只适用于测定不含砾石颗粒的细粒土的密度。不能用环刀切削的坚硬、易碎、含有粗粒、形状不规则的土可用蜡封法。灌砂法和灌水法一般在野外应用,适用于砂、砾等。近几年用于测定天然密度的核子射线法也逐渐成熟,对饱和松散砂、淤泥、软黏土等可用此法测定。不同试验方法适用范围见图3.6。

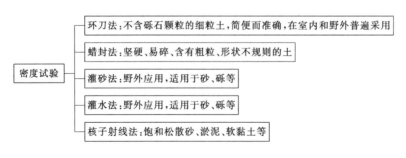

图 3.6　密度试验适用范围

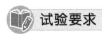 **试验要求**

当采用环刀法试验时，应进行平行试验，最大允许平行差值应为±0.03g/m³。当平行差值超过允许范围时，需核实所取试样的代表性，如有异常，则重新进行测定；如无异常，则应分别列出两次测定结果，以备选用。

注意事项（试验要点）

(1) 环刀法

① 根据土质均匀程度及土样最大颗粒尺寸选择不同容积的环刀。室内进行密度试验时，考虑与剪切、固结等试验所用环刀相配合，一般选用容积为60cm³的环刀。施工现场检查填土压实密度时，环刀容积可为200～500cm³。

② 环刀切取土样时，应尽量避免切土过程中对土样的扰动。应先将土件切成一个直径略大于环刀内径的土柱，然后环刀垂直于土样面切取，均匀用力下压环刀，下压一点将环刀周围的土削去一些，真正做到边压边削，以避免试样开裂和扰动。

③ 在试样切削和两端余土削平过程中，不得在试样表面往返压抹，以免使土面受到更多扰动。对于较松软的土，应先用钢丝锯将土样锯成几段，再用环刀切取，以免土体因上部受压而使下部变形。

(2) 蜡封法

① 封蜡所包裹的体积应为土样的总体积（土颗粒体积＋孔隙体积），应避免在试样与蜡之间有气泡或蜡进入土样孔隙。

a. 切取土样时，应削去松浮表土及尖锐棱角。

b. 封蜡时，土样表面应斜着缓慢地浸入蜡液中，以免土样与石蜡之间包裹气泡。

c. 当土样表面有较大孔隙（如虫孔）时，应用一小片薄纸将孔封住再行浸蜡，避免蜡液进入土样孔隙。

② 封蜡时，石蜡的温度应控制在50～70℃，以蜡液达到熔点且不出现气泡为准。蜡液温度过高，会使土样部分水分损失，且蜡液易侵入土孔隙。温度太低，不易封好蜡皮。

③ 水的密度随温度变化而变化，故试验中应测定水温，消除因水温不同而产生的影响。

3.1 环刀法

3.1.1 试验原理

环刀法是采用一定体积环刀切取土样并称土质量的方法，环刀内土的质量与体积之比即为土的密度。环刀法简单方便，是目前最常用的试验方法。该方法适用于较均匀的细粒土。

3.1.2　试验仪器设备

(1) 环刀（图3.7）：直径7.98cm、高度2cm或直径6.18cm、高度2cm两种。
(2) 天平：称量500g，分度值0.1g；称量200g，分度值0.01g。
(3) 其他：削土刀、钢丝锯（图3.8）、凡士林等。

图3.7　环刀

图3.8　钢丝锯

3.1.3　试验操作步骤

★ 【思考】试样的体积是如何测量的？如何保证试样体积的准确？

(1) 天平清零

将干净的环刀放置在电子天平或电子台秤上清零。

(2) 准备试样

按工程需要取原状土试样或制备所需状态的扰动土试样，整平其两端，将环刀内壁涂一薄层凡士林，刃口向下放在试样上。

(3) 切取试样

用切土刀（或钢丝锯）将土样削成略大于环刀直径的土柱。然后将环刀垂直下压，边压边削，至土样伸出环刀为止。将两端余土削去修平，取剩余的代表性土样测定含水率。

(4) 称带土环刀质量

擦净环刀外壁，称量带土环刀质量（环刀质量在天平清零时已去除），准确至0.1g。

3.1.4　试验成果整理

(1) 密度及干密度

应按下列公式计算，精确至0.01g/cm^3。

$$\rho = \frac{m_0}{V} \tag{3.1}$$

$$\rho_d = \frac{\rho}{1 + 0.01w} \tag{3.2}$$

式中 ρ ——试样的湿密度，g/cm^3；

       ρ_d ——试样的干密度，g/cm^3；

       V ——环刀容积，cm^3；

       m_0 ——风干土质量（或天然湿土质量），g。

(2) 取算术平均值

本试验应进行两次平行测定，其最大允许平行差值应为 ± 0.03g/cm^3。取其算术平均值。

(3) 环刀法试验记录表

见表 3.2。

表 3.2   密度试验记录表（环刀法）

任务单号			试验者		
试验日期			计算者		
天平编号			校核人员		
烘箱编号					

试样编号	环刀号	环刀体积 V /cm^3	湿土质量 m_0 /g	湿密度 ρ /(g/cm^3)	含水率 w /%	干密度 ρ_d /(g/cm^3)	平均干密度 $\bar{\rho}_d$ /(g/cm^3)

探索思考题

（1）国内外使用的环刀往往具有较大的径高比，室内试验一般采用的径高比为 2.5～3.5，采用较大径高比的环刀对减少对土样的扰动有何益处？

（2）在切削试样时，为什么必须在环刀内壁涂一薄层凡士林？

（3）当土样坚硬、易碎或含有粗颗粒不易修成规则形状，采用环刀法有困难时，采用什么方法进行密度试验？

3.2   蜡封法

3.2.1   试验原理

封蜡法是将已知质量的土块浸入熔化的石蜡中，使试样完全被一层蜡膜外壳包裹。通过分别称得带蜡壳的土样在空气中和水中的质量，根据浮力原理计算出带蜡壳的土样体积，其减去蜡壳体积即得样品总体积，进而计算出土的密度。蜡封法适用于易碎裂、难以切削的试样。

3.2.2 试验仪器设备

(1) 蜡封设备：应附熔蜡加热器（电炉和锅）。
(2) 天平：称量500g，分度值0.1g；称量200g，分度值0.01g。
(3) 其他：切土刀、盛水烧杯、细线、温度计和针等。

3.2.3 试验操作步骤

★ 【思考】试样的体积是如何推算的？若试验中水的杂质过多，对试样有何影响？

(1) 取样称量并测含水率

切取约30cm³的试样。削去松浮表土及尖锐棱角后，系于细线上称量，称量结果准确至0.01g。取代表性试样测定其含水率。

(2) 封蜡并称量

持线将试样徐徐浸入刚过熔点的蜡中，待全部沉浸后，立即将试样提出。检查涂在试样四周的蜡中有无气泡存在。当有气泡时，应用热针刺破，并涂平孔口。冷却后称蜡封试样质量，称量结果准确至0.1g。

(3) 称试样在水中浮重 (图 3.9)

用线将试样吊在天平一端，并使试样浸没于纯水中称量，称量结果准确至0.1g。测记纯水的温度。

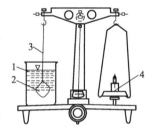

(4) 复核蜡封试样质量

取出试样，擦干蜡表面的水分，用天平称量蜡封试样，准确至0.1g。当试样质量增加时，应另取试样重做试验。

图 3.9 称试样在水中浮重
1—盛水杯；2—蜡封试样；3—细线；4—砝码

3.2.4 试验成果整理

(1) 湿密度及干密度

应按下列公式计算：

$$\rho = \frac{m_0}{\dfrac{m_n - m_{nw}}{\rho_{wT}} - \dfrac{m_n - m_0}{\rho_n}} \tag{3.3}$$

$$\rho_{d}=\frac{\rho}{1+0.01w} \tag{3.4}$$

式中　m_0——风干土质量（或天然湿土质量），g；

　　　m_n——试样加蜡质量，g；

　　　m_{nw}——试样加蜡在水中质量，g；

　　　ρ_{wT}——纯水在 T℃时的密度，g/cm^3，精确至 $0.01g/cm^2$；

　　　ρ_n——蜡的密度，g/cm^3，精确至 $0.01g/cm^3$。

(2) 取算术平均值

本试验应进行两次平行测定，其最大允许平行差值为 $\pm0.03g/cm^3$。试验结果取其算术平均值。

(3) 蜡封法试验记录

见表 3.3。

表 3.3　密度试验记录表（蜡封法）

任务单号			试验者		
试验日期			计算者		
试验标准			校核者		
烘箱编号			天平编号		

试样编号	试样质量 m /g	试样加蜡质量 m_n/g	试样加蜡在水中质量 m_{nw}/g	温度 /℃	水的密度 ρ_{wT} /(g/cm³)	试样加蜡体积 /cm³	蜡体积 /cm³	试样体积 /cm³	湿密度 ρ /(g/cm³)	含水率 w /%	干密度 ρ_d /(g/cm³)	平均干密度 $\bar{\rho}_d$ /(g/cm³)	备注
(1)	(2)	(3)	—	(4)	$(5)=\frac{(2)-(3)}{(4)}$	$(6)=\frac{(2)-(1)}{\rho_n}$	$(7)=(5)-(6)$	$(8)=\frac{(1)}{(7)}$	(9)	$(10)=\frac{(8)}{1+0.01(9)}$	(11)	

探索思考题

（1）在称蜡封试样浮重时，系蜡封试样的细线有一定的质量，可以采取什么方法消除其对试验结果的影响？

（2）称完蜡封试样浮重后，取出试样称量时未擦干蜡表面的水分，对试验结果有何影响？

4

土粒比重试验

土粒比重是指土粒的质量与同体积 4℃ 时水的质量之比（无因次），用 G_s 表示，即

$$G_s = \frac{m_s}{V_s \rho_{w(4℃)}}$$

土的比重是土中各种矿物颗粒密度的平均值，其值的大小与组成土颗粒矿物的种类及其含量有关。砂土的比重约为 2.65，黏土的比重变化范围较大，常介于 2.68～2.75。土的比重与土的成分没有固定的关系。若土中含铁锰矿物较多时，则比重偏大；含有机质或腐殖质较多时，则比重较小，其值可降到 2.40 以下。

🕮 工程案例

黄土湿陷性研究对于黄土地区的工程地质评价有着十分重要的作用。一些建筑物在营建中或建成后，由于地下水位的上升或地表水的下浸，引起地基土含水量的增加而发生湿陷，造成地基不均匀下沉，使得建筑物破坏。含水量和天然孔隙比对湿陷性的影响是很明显的。

刘鹏鸣等通过对西宁地区黄土湿陷性的试验研究，建立了西宁地区利用黄土的天然孔隙比及含水量作为两个变量判别黄土样品湿陷性的二元判别分析，得出如下判别式。

$$R = 10.56e - 0.34w$$

式中　w——试样含水率，%，取整数值；

　　　e——试样孔隙比，%。

当 $R > 3.25$ 时，提供指标的样品具湿陷性（判别成功率为 80.1%）。

假设在西宁地区某项目取得某黄土试样，经过土工试验，测得黄土样密度 $\rho = 1.80\text{g/cm}^3$，土粒比重 $G_s = 2.70$，含水率 $w = 30\%$。请计算该土样的孔隙比并判断该黄土样品是否具有湿陷性？

🕮 试验目的

比重试验目的是测定土粒的比重，土粒比重是土的基本物理性质指标之一，是计算孔隙比、孔隙率、饱和度和评价土类的主要指标。

🕮 试验方法

(1) 比重瓶法

比重瓶法测定土粒比重是利用排水法通过比重瓶测定一定质量土粒的体积，从而计算出土粒比重。其中，土粒的体积是通过测定土粒的质量、比重瓶加水的质量、比重瓶加水加土粒的质量计算得到（图4.1）。

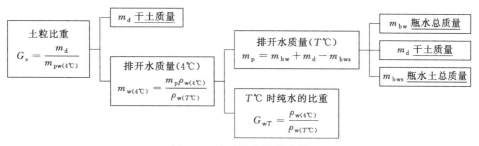

图 4.1　比重瓶法计算流程

其试验方法可分为比重瓶的校准和比重测量两个环节。

① 比重瓶的校准（图4.2）。

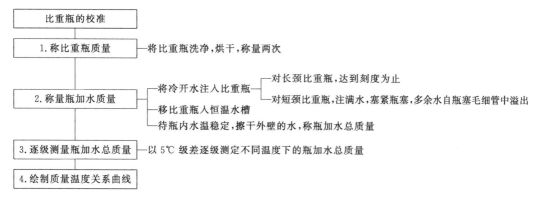

图 4.2　比重瓶校准流程

② 比重测量（图4.3）。

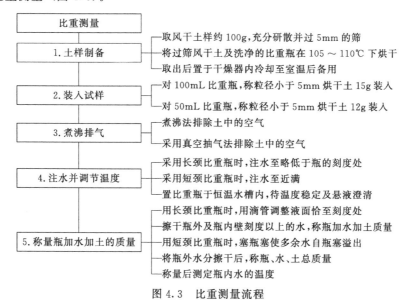

图 4.3　比重测量流程

(2) 浮称法

浮称法利用排水法测量土粒的体积，即先称量土粒的质量，再用浮称天平称量土粒在水中的质量，两者之差即为土粒所受浮力，浮力除以水的密度即为土粒的体积，土粒的质量除以与土粒的体积相等的水的质量即得到土粒的比重，计算过程见图 4.4。

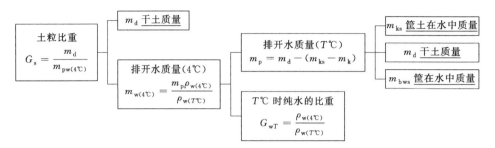

图 4.4　浮称法计算过程

浮称法试验方法见图 4.5。

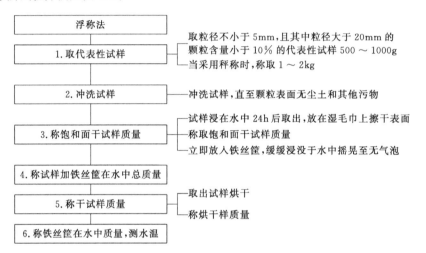

图 4.5　浮称法试验流程

(3) 虹吸筒法

由于土颗粒排开水的体积等于土粒体积，虹吸筒法通过测量土颗粒排开水的体积、土颗粒的质量（干土质量），进而推算土粒比重，计算过程见图 4.6。

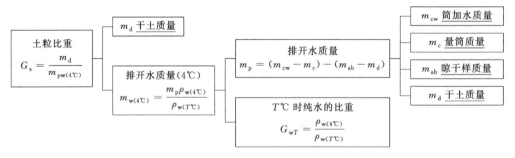

图 4.6　虹吸筒法计算

其中，排开水质量（m_p）等于虹吸排出水质量（$m_{cw} - m_c$）减去饱和土孔隙中水质量（$m_{ab} - m_d$）。

虹吸筒法试验方法见图 4.7。

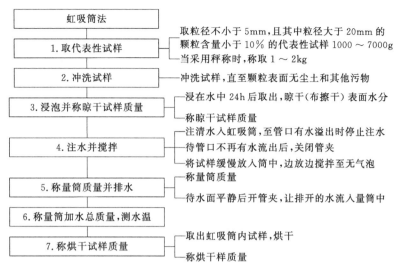

图 4.7　虹吸筒法试验流程

适用范围

按照土粒粒径可分别用下列方法（图 4.8）进行比重测定：

① 粒径小于 5mm 的土，用比重瓶法进行。

② 粒径不小于 5mm 的土，且其中粒径大于 20mm 的颗粒含量小于 10％时，应用浮称法；粒径大于 20mm 的颗粒含量不小于 10％时，应用虹吸筒法。

③ 一般土粒的比重应用纯水测定；对含有易溶盐、亲水性胶体或有机质的土，应用煤油等中性液体替代纯水测定。

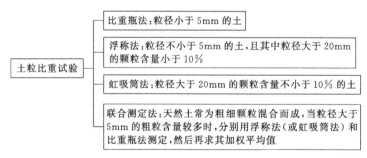

图 4.8　土粒比重试验适用范围

试验要求

采用比重瓶法和虹吸筒法进行 2 次平行测定，试验结果取其算术平均值，其最大允许平行差值应为 ±0.02，取其算术平均值。

注意事项（试验要点）

(1) 比重瓶法

① 为保证称量的准确，装试样前比重瓶应烘干后称量，试样烘干后应在干燥器内冷却至室温后称量，称量瓶加水加土的质量时应将比重瓶擦干再称量。

② 排气时应注意控制煮沸温度，不要使悬液溅出瓶外。采用抽真空法排气时应不时晃动瓶身，使气泡尽快排出。

③ 在纯水（或抽气后的中性液体）注入装有试样比重瓶过程中，不要使悬液溢出。

④ 当土中含有可溶盐、亲水性胶体物质或有机质时，应换用中性液体（如煤油）并采用真空抽气法排气试验。

(2) 浮称法

① 为保证称量的准确，称量饱和面干试样质量前应将试样放在湿毛巾上擦干表面。

② 为了保证土样孔隙中及土样表面气体排出，应将试样浸在水中24h，当装有饱和面干试样的铁丝筐浸没于水中时，应在水中摇晃，至无气泡逸出时为止。

③ 称量试样加铁丝筐在水中总质量时，铁丝筐不要接触盛水容器的内壁。

④ 天然土常为粗细颗粒混合而成，当其中粒径大于5mm的粗颗粒含量较少时，可直接用比重瓶法一次测定。也允许将少量粒径大于5mm的颗粒打碎拌和均匀后取样。当粒径大于5mm的粗粒含量较多时，据实际情况分别用浮称法（或虹吸筒法）和比重瓶法测定，然后再求其加权平均值。

(3) 虹吸筒法

① 为保证称量的准确，称量晾干试样质量前应晾干（或用布擦干）其表面水分。

② 为了保证土样孔隙中及土样表面气体排出，应将试样浸在水中24h，将试样缓慢放入筒中，边放边使用搅拌棒搅拌，至无气泡逸出时为止。

③ 试样的量必须足够，一般在1000~7000g，以保证试样排开的水超过虹吸高度。

4.1 比重瓶法

4.1.1 试验原理

比重瓶法测定土粒比重是利用排水法通过比重瓶测定一定质量土粒的体积，从而计算出土粒比重。其中，土粒的体积是通过测定土粒的质量、比重瓶加水的质量、比重瓶加水加土粒的质量计算得到。该法适合于粒径小于5mm的各类土。

4.1.2 试验仪器设备

(1) 比重瓶（图4.9）：容量100mL或50mL，分长颈和短颈两种；

(2) 天平：称量200g，分度值0.001g；

(3) 恒温水槽（图4.10）：最大允许误差为±1℃；

(4) 砂浴（图4.11）：应能调节温度；

(5) 真空抽气设备（图4.12）：真空度−98kPa；

(6) 温度计：测量范围0~50℃，分度值0.5℃；

（7）筛：孔径5mm；

（8）其他：烘箱、纯水或中性液体、漏斗、滴管、小漏斗、干毛巾、小洗瓶、瓷钵和研棒等。

图4.9　比重瓶

图4.10　恒温水槽

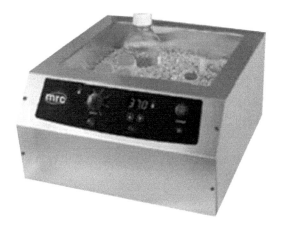

图4.11　砂浴

图4.12　真空抽气设备

4.1.3　试验操作步骤

★ 【思考】如何保证孔隙中的气体完全排出？土颗粒的体积是如何推算的？

(1) 比重瓶的校准

① 称比重瓶质量。将比重瓶洗净，烘干，称量两次，准确至0.001g。取其算术平均值，其最大允许平行差值应为±0.002g。

② 称量瓶加水质量。将煮沸并冷却的纯水注入比重瓶，对长颈比重瓶，达到刻度为止。对短颈比重瓶，注满水，塞紧瓶塞，多余水自瓶塞毛细管中溢出。移比重瓶入恒温水槽。待瓶内水温稳定后，将瓶取出，擦干外壁的水，称瓶、水总质量，准确至0.001g。测定两次，取其算术平均值，其最大允许平均差值应为±0.002g。

③ 逐级测量瓶加水总质量。将恒温水槽水温以 5℃ 级差调节，逐级测定不同温度下的瓶、水总质量。

④ 绘制质量温度关系曲线。以瓶、水总质量为横坐标，温度为纵坐标，绘制瓶、水总质量与温度的关系曲线。

(2) 比重测量

① 土样制备。取有代表性的风干土样约 100g，充分研散并全部过 5mm 的筛。将过筛风干土及洗净的比重瓶在 105～110℃ 下烘干，取出后置于干燥器内冷却至室温后备用。

② 装入试样。当使用 100mL 比重瓶时，称粒径小于 5mm 的烘干土 15g 装入；当使用 50mL 比重瓶时，称粒径小于 5mm 的烘干土 12g 装入。

③ 煮沸排气。a. 采用煮沸法排除土中的空气。向已装有干土的比重瓶注入纯水至瓶的一半处，摇动比重瓶，将瓶放在砂浴上煮沸，煮沸时间自悬液沸腾算起，砂土不得少于 30min，细粒土不得少于 1h。煮沸时注意不使土液溢出瓶外。

b. 采用真空抽气法排除土中的空气。当土粒中含有易溶盐、亲水性胶体或有机质时，测定其土粒比重时，要用中性液体代替纯水，用真空抽气法代替煮沸法，排除土中空气。抽气时真空度应接近一个大气负压值（-98kPa），抽气时间可为 1～2h，直至悬液内无气泡逸出时为止。

④ 注水并调节温度。将纯水注入比重瓶，当采用长颈比重瓶时，注水至略低于瓶的刻度处；当采用短颈比重瓶时，注水至近满。有恒温水槽时，可将比重瓶放于恒温水槽内，待瓶内悬液温度稳定及瓶上部悬液澄清。

⑤ 称量瓶加水加土的质量。当采用长颈比重瓶时，用滴管调整液面恰至刻度处，以弯液面下缘为准，擦干瓶外及瓶内壁刻度以上部分的水，称瓶、水、土总质量；当采用短颈比重瓶时，塞好瓶塞，使多余水分自瓶塞毛细管中溢出，将瓶外水分擦干后，称瓶、水、土总质量。称量后测定瓶内水的温度。

⑥ 查瓶加水的质量。根据测得的温度，从已绘制的温度与瓶、水总质量关系中查得瓶、水总质量。

本试验称量准确至 0.001g，温度应准确至 0.5℃。

4.1.4 试验成果整理

(1) 土粒比重

应按下列公式计算：
① 用纯水测定时

$$G_s = \frac{m_d}{m_{bw} + m_d - m_{bws}} G_{wT} \tag{4.1}$$

式中 m_{bw}——比重瓶、水总质量，g；

         m_{bws}——比重瓶、水、干土总质量，g；

         G_{wT}——T℃ 时纯水的比重（可查物理手册），准确至 0.001。

② 用中性液体测定时

$$G_s = \frac{m_d}{m_{bk} + m_d - m_{bks}} G_{kT} \tag{4.2}$$

式中 m_{bk}——瓶、中性液体总质量，g；

m_{bks}——瓶、中性液体、干土总质量，g；

G_{kT}——T℃时中性液体的比重（实测得），准确至 0.001。

(2) 取算术平均值

本试验应进行 2 次平行测定，试验结果取其算术平均值，其最大允许平行差值应为 ±0.02。

(3) 比重瓶法试验记录表

见表 4.1。

表 4.1 比重试验记录表（比重瓶法）

任务单号					试验环境				
试验日期					试验者				
试验标准					校核者				
烘箱编号					天平编号				
试样编号	比重瓶号	温度 /℃ G_{kT}	液体比重 G_{kT}	干土质量 m_d/g	比重瓶、液总质量 m_{bk}/g	比重瓶、液、土总质量 m_{bks}/g	与干土同体积的液体质量/g	比重 G_s	平均比重 $\overline{G}_s$	备注
		(1)	(2)	(3)	(4)	(5)	(6)=(3)+(4)−(5)	(7)=$\frac{(3)}{(6)}$×(2)		

探索思考题

（1）比重瓶法试验的基本原理是什么？

（2）比重测定中，为什么用砂浴加热装有悬液的比重瓶？加热多长时间？

（3）试验中，为什么要将悬液煮沸或抽气？如果不煮沸或抽气对试验结果有什么影响？

4.2 浮称法

4.2.1 试验原理

浮称法利用排水法测量土粒的体积，即先称量土粒的质量，再用浮称天平称量土粒在水中的质量，两者之差即为土粒所受浮力，浮力除以水的密度即为土粒的体积，土粒的质量除以与土粒的体积相等的水的质量即得到土粒的比重。该方法适用于粒径大于等于 5mm，且粒径大于 20mm 的土质量小于总土质量的 10% 的各类土。

4.2.2　试验仪器设备

(1) 铁丝筐：孔径小于 5mm，直径为 10~15cm，高为 10~20cm。
(2) 盛水容器：适合铁丝筐沉入。
(3) 浮称天平或秤：称量 2kg，分度值 0.2g；称量 10kg，分度值 1g。
(4) 筛：孔径为 5mm、20mm。
(5) 其他：烘箱、温度计。

4.2.3　试验操作步骤

★ **【思考】**浮称法是否适用于细粒土，为什么？土颗粒的体积是如何推算的？

(1) 取代表性试样

取粒径不小于 5mm，且其中粒径大于 20mm 的颗粒含量小于 10% 的代表性试样 500~1000g。当采用秤称时，称取 1~2kg。

(2) 冲洗试样

冲洗试样，直至颗粒表面无尘土和其他污物。

(3) 称饱和面干试样质量

将试样浸在水中 24h 后取出，将试样放在湿毛巾上擦干表面，即为饱和面干试样，称取饱和面干试样质量后，立即放入铁丝筐，缓缓浸没于水中，并在水中摇晃，至无气泡逸出时为止。

(4) 称试样加铁丝筐在水中总质量

称铁丝筐和试样在水中的总质量（图 4.13）。

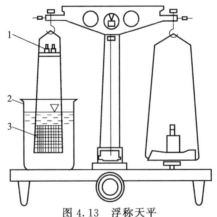

图 4.13　浮称天平
1—调天平平衡砝码盘；2—盛水容器；3—盛粗粒土的铁丝筐

(5) 称干试样质量

取出试样烘干、称量。

(6) 称铁丝筐在水中质量，测水温

称铁丝筐在水中质量，并测量容器内水的温度，准确至 0.5℃；本试验称量准确至 0.2g。

4.2.4 试验成果整理

(1) 土粒比重

应按下式计算：

$$G_s = \frac{m_d}{m_d - (m_{ks} - m_k)} G_{wT} \tag{4.3}$$

式中　m_{ks}——试样加铁丝筐在水中总质量，g；

　　　m_k——铁丝筐在水中质量，g；

　　　G_{wT}——T℃时纯水的比重（可查物理手册），精确至 0.001。

(2) 干比重

应按下式计算：

$$G'_s = \frac{m_d}{m_b - (m_{ks} - m_k)} G_{wT} \tag{4.4}$$

式中　m_b——饱和面干试样质量，g；

　　　G_{wT}——T℃时纯水的比重（可查物理手册），精确至 0.001。

(3) 吸着含水率

应按下式计算：

$$w_{ab} = \left(\frac{m_b}{m_d} - 1\right) \times 100 \tag{4.5}$$

式中　w_{ab}——吸着含水率，%，精确至 0.1%。

本试验应进行两次平行测定，两次测定最大允许差值应为 ±0.02，试验结果取其算术平均值。

(4) 土粒平均比重

应按下式计算：

$$G_s = \frac{1}{\dfrac{P_s}{G_{s1}} + \dfrac{1 - P_s}{G_{s2}}} \tag{4.6}$$

式中　P_s——粒径大于 5mm 的土粒占总质量的含量，以小数计；

　　　G_{s1}——粒径大于 5mm 的土粒的比重；

　　　G_{s2}——粒径小于 5mm 的土粒的比重。

(5) 浮称法试验记录表

见表 4.2。

表 4.2　比重试验记录表（浮称法）

任务单号					试验者			
试验日期					计算者			
天平编号					校核者			
烘箱编号								
试样编号	温度 /℃	水的比重 G_{wT}	烘干土质量 m_d/g	铁丝筐加试样在水中质量 m_{ks}/g	铁丝筐在水中质量 m_k/g	试样在水中质量/g	比重 G_s	平均比重 $\overline{G}_s$	备注
	(1)	(2)	(3)	(4)	(5)	(6)=(4)−(5)	(7)=$\dfrac{(3)\times(2)}{(3)-(6)}$		

探索思考题

(1) 浮称法试验的基本原理是什么？

(2) 取粒径小于 5mm，是否可以用浮称法进行试验？为什么？

(3) 试验中，为什么要将试样浸在水中 24h？

4.3　虹吸筒法

4.3.1　试验原理

由于土颗粒排开水的体积等于土粒体积，虹吸筒法通过测量土颗粒排开水的体积、土颗粒的质量（干土质量），进而推算土粒比重。适用于粒径不小于 5mm，且其中粒径不小于 20mm 的颗粒含量大于 10％的土。

4.3.2　试验仪器设备

(1) 虹吸筒（图 4.14）；

(2) 台秤：称量 10kg，分度值 1g；

(3) 量筒：容量大于 2000mL；

(4) 筛：孔径 5mm、20mm；

(5) 其他：烘箱、温度计、搅拌棒。

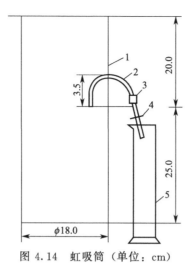

图 4.14　虹吸筒（单位：cm）

1—虹吸筒；2—虹吸管；3—橡皮管；4—管夹；5—量筒

4.3.3　试验操作步骤

★ 【思考】为什么要用虹吸筒，而不是让水自然溢出？

(1) 取代表性试样

取粒径不小于 5mm，且其中粒径不小于 20mm 的颗粒含量大于 10% 的代表性试样 1000～7000g。

(2) 冲洗试样

将试样冲洗，直至颗粒表面无尘土和其他污物。

(3) 浸泡并称晾干试样质量

将试样浸在水中 24h 后取出，晾干（或用布擦干）其表面水分，称晾干试样质量。

(4) 注水并搅拌

注清水入虹吸筒，至管口有水溢出时停止注水。待管口不再有水流出后，关闭管夹，将试样缓慢放入筒中，边放边使用搅拌棒搅拌，至无气泡逸出时为止，搅动时勿使水溅出筒外。

(5) 称量筒质量并排水

称量筒质量，待虹吸筒中水面平静后，开管夹，让试样排开的水通过虹吸管流入量筒中。

(6) 称量筒加水总质量，测水温

称量筒与水总质量。测量筒内水的温度，准确至 0.5℃。

(7) 称烘干试样质量

取出虹吸筒内试样，烘干、称量；

本试验称量应准确至 1g。

4.3.4 试验成果整理

(1) 比重

应按下式计算：

$$G_s = \frac{m_d}{(m_{cw} - m_c) - (m_{ab} - m_d)} G_{wT} \qquad (4.7)$$

式中　m_d——干土质量；

　　　m_{cw}——量筒加排开水总质量，g；

　　　m_c——量筒质量，g；

　　　m_{ab}——晾干试样质量，g；

　　　G_s——比重；

　　　G_{wT}——$T℃$时纯水的比重（可查物理手册），精确至 0.001。

(2) 取算术平均值

本试验应进行两次平行测定，两次测定的最大允许平均差值应为 ±0.02。取其算术平均值。平均比重应按式（4.6）计算。

(3) 虹吸筒法的试验记录表

见表 4.3。

表 4.3　比重试验记录表（虹吸筒法）

任务单号					试验者					
试验日期					计算者					
试验标准					校核者					
烘箱编号					天平编号					
试样编号	温度 /℃	水的比重 G_{wT}	烘干土质量 m_d/g	晾干土质量 m_{ad}/g	量筒质量 m_c/g	量筒加排开水质量 m_{cw}/g	排开水质量 /g	吸着水质量 /g	比重 G_s	平均比重 $\overline{G}_s$	备注
	(1)	(2)	(3)	(4)	(5)	(6)	(7)= (6)-(5)	(8)= (4)-(3)	(9)= $\frac{(3)\times(2)}{(7)\times(8)}$		

探索思考题

(1) 虹吸筒法试验的基本原理是什么？

(2) 取粒径小于 5mm，是否可以用虹吸筒法试验进行试验？为什么？

(3) 试验中，为什么要将试样浸在水中 24h？

颗粒分析试验

天然土是由大小不同的土粒组成的，工程上将大小相近的土粒归为一组，称为粒组。土中各个粒组的相对含量（各粒组占土粒总量的百分数），称为土的颗粒级配。

工程案例

疏松砂土受到振动荷载时有变密的趋势，如砂中孔隙是饱水的，砂土变密必从孔隙中挤出一部分水，当砂粒很小且渗透性差，从孔隙中挤出的水来不及排出，则砂体中孔隙水压力上升，有效应力降低，当有效应力为零时，砂粒处于悬浮状态，丧失抗剪强度和承载能力，这就是砂土的液化。砂土的液化往往会导致地基失效，造成严重的破坏后果（图 5.1）。

图 5.1　砂土液化导致的下陷开裂

砂土的液化与砂土的颗粒级配有密切关系。根据《建筑抗震设计规范》（GB 50011—2010）4.3.3 条规定，饱和的砂土或粉土的黏粒（粒径小于 0.005mm 的颗粒）含量百分率，抗震设防烈度为 7 度、8 度和 9 度的地区分别不小于 10、13 和 16 时，可判为不液化土。4.3.4 条规定在地面下 15m 深度范围内，液化判别标准贯入锤击数临界值可按下式计算：

$$N_{cr} = N_0 \left[0.9 + 0.1(d_s - d_w) \right] \sqrt{3/\rho_c}$$

式中　N_{cr}——液化判别标准贯入锤击数临界值；

　　　N_0——液化判别标准贯入锤击数基准值（抗震设防烈度为 8 度第二组且设计基本地震加速度为 0.30g 的地区取 13）；

　　　d_s——饱和土标准贯入点深度，m；

　　　d_w——地下水位深度，m；

ρ_c——黏粒含量百分率，当小于 3 或为砂土时应采用 3。

假设你的试样取自抗震设防烈度为 8 度第二组且设计基本地震加速度为 0.30g 的地区的地下 8m，该地区地下水埋深为 5m，标准贯入点深度 8m 处的标准贯入锤击数值为 14，根据你的试验结果，该试样是否可判为液化土？

 试验目的

颗粒分析试验是定量测定土中各粒组占土总质量的百分数，反映土颗粒的大小及各粒组在土中的分配情况。在工程上常用于粗粒土的分类定名，判别砂土渗透变形的可能类型，判别砂土液化的发生及严重程度，为用于土坝填料和建筑材料提供资料。

 试验方法

本试验方法分为筛析法、密度计法、移液管法。

(1) 筛析法

筛析法通过孔径自上至下从大到小叠在一起的试验筛筛析试样，称量不同孔径筛上土质量分析颗粒粒径分布。其试验方法见图 5.2。

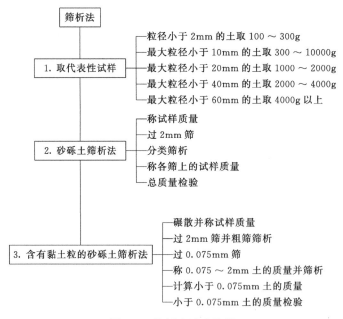

图 5.2　筛析法试验流程

(2) 密度计法

根据斯托克斯定理，在无紊流的静水中，相同粒径颗粒（密度相同）下沉速度相同，颗粒越大下沉速度越快。通过搅拌使不同大小的土粒在悬液中分布均匀，如粒径为 d 的颗粒经过时间 t 从液面下沉到深度 L 处，则深度 L 以上不再存在粒径大于 d 的颗粒，在深度 L 处取一微小深度 ΔL，ΔL 深度范围内悬液中土粒粒径均小于 d，且小于 d 的土粒分布与沉降开始时完全相同，如图 5.3 所示。

密度计通过测定 t 时间浮泡深度为 L 处悬液的密度，计算小于某粒径 d 土粒的质量占总土粒质量的百分含量，其中粒径 d 由 t 和 L 通过斯托克斯公式计算得出。其试验方法见图 5.4。

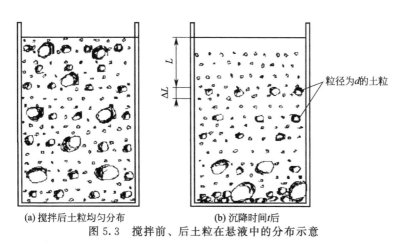

(a) 搅拌后土粒均匀分布   (b) 沉降时间 t 后

图 5.3 搅拌前、后土粒在悬液中的分布示意

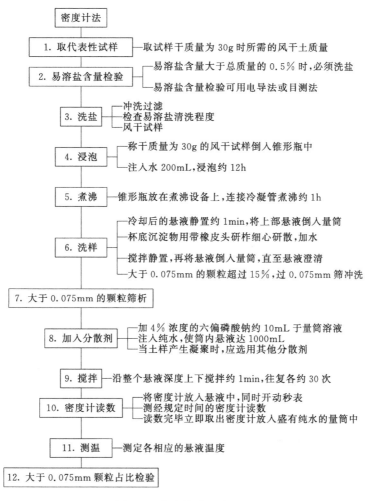

图 5.4 密度计法试验流程

(3) 移液管法

当悬着液中的土粒在重力作用下下沉时,较大的土颗粒下沉较快,而较小的土颗粒下沉较慢。随着悬着液中土粒的下沉,悬浊液的密度会不断降低。与密度计法不同的是,移液管

法主要是从量筒某一深度吸取一定体积的悬液注入烧杯中烘干、称量，进而推算土粒的粒径分布。其试验方法见图5.5。

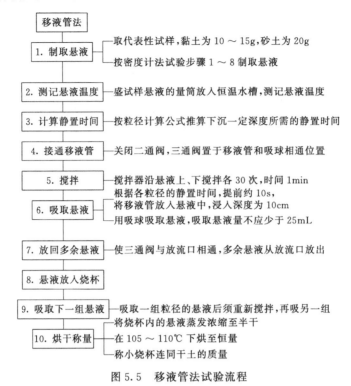

图 5.5　移液管法试验流程

适用范围

本试验根据土的颗粒大小及级配情况，可分别采用下列4种方法：

（1）筛析法：适用于粒径为 0.075～60mm 的土；

（2）密度计法：适用于粒径小于 0.075mm 的土；

（3）移液管法：适用于粒径小于 0.075mm 的土；

（4）当土中粗细兼有时，应联合使用筛析法和密度计法或筛析法和移液管法。

注意事项（试验要点）

(1) 筛析法

① 试验前应检查筛是否按孔径大小顺序叠放，并检查筛孔有无土粒堵塞，用铜刷将分析筛清理干净。

② 采用筛析法进行筛分时，应避免土样洒落，以免影响试验精度。

③ 当采用振筛机振动时，应保证在筛析过程中能上下振动，水平转动。

(2) 密度计法

① 土中黏粒往往含有非可溶性的胶体物质，经过干燥后细颗粒能胶结成团，难以再度分散。因此密度计法和移液管法推荐采用天然含水率的土样进行。若土样无法保持其天然含水率，允许用风干或烘干土样进行分析。但应该注意，同一地区同一工程用途应该采用相同状态的土样进行分析，以便比较。

② 相比未经洗盐的试样，洗盐后的试样颗粒粉粒含量低，黏粒含量高。因此，规定易溶盐含量大于总质量0.5%的试样应进行洗盐。

③ 将干试样放入锥形瓶时应仔细操作，避免土粒撒落。煮沸冷却后的悬液倒入量筒时，应分次加纯水将锥形瓶内颗粒碾散洗净倒入量筒中，避免土颗粒流失。

④ 细粒土的土粒可分为原级颗粒和团粒两种。根据工程实际，《土工试验方法标准》采用半分散法，即用煮沸加化学分散剂来达到既能使土粒充分分散，又不破坏土的原级颗粒及其聚合体的作用。加强处理过程（如延长煮沸时间等）将导致团粒过度被分散，增大黏粒含量。

⑤ 将密度计放入悬液时应轻拿轻放，不要靠近筒壁，减少对悬液的扰动；密度计读数要迅速、准确，读数后应立即将密度计从悬液中取出，小心放入盛有纯水的量筒中备用，同时注意在量筒底部放置橡胶垫，以免密度计损坏。

(3) 移管法

① 试样的制备、洗盐和试样的分散采用与密度计法相同的方法。

② 试样的用量。当悬液浓度在0.5%～3%范围内时，各粒组的含量没有显著差别；而当悬液浓度增加至4%～5%时，粒径为0.05～0.25mm粒组的含量增加，并相应地减少了黏粒含量。因此，试样规定用量：黏土为10～15g，砂土为20g。

5.1 筛析法

5.1.1 试验原理

筛析法通过孔径自上至下从大到小叠在一起的试验筛筛析试样，称量不同孔径筛上土质量分析颗粒粒径分布。筛析法一般用于分析粒径大于0.075mm的粗粒土的粒径分布。

5.1.2 试验仪器设备

① 试验筛：应符合现行国家标准《试验筛 技术要求和检验 第1部分：金属丝编织网试验筛》（GB/T 6003.1）的规定。

② 粗筛：孔径为60mm、40mm、20mm、10mm、5mm、2mm。

③ 细筛：孔径为2.0mm、1.0mm、0.5mm、0.25mm、0.1mm、0.075mm。

④ 天平：称量1000g，分度值0.1g；称量200g，分度值0.01g。

⑤ 台秤：称量5kg，分度值1g。

⑥ 振筛机（图5.6）：应符合现行行业标准《实验室用标准

图5.6 试验筛与振筛机

筛振荡机技术条件》（DZ/T 0118）的规定。

⑦ 其他：烘箱、量筒、漏斗、瓷杯、附带橡皮头研钵、瓷盘、毛刷匙、木碾。

5.1.3 试验操作步骤

★ 【思考】如何使黏在一起的土颗粒分离？使用粉碎机粉碎试样，测得的结果是否准确？

(1) 取代表性试样

从风干、松散的土样中，用四分法按下列规定取出代表性试样：粒径小于 2mm 的土取 100～300g；最大粒径小于 10mm 的土取 300～1000g；最大粒径小于 20mm 的土取 1000～2000g；最大粒径小于 40mm 的土取 2000～4000g；最大粒径小于 60mm 的土取 4000g 以上。

(2) 砂砾土筛析法步骤

应按下列步骤进行：

① 称试样质量。应按 (1) 规定的数量取出试样，称量应准确至 0.1g；当试样质量大于 500g 时，应准确至 1g。

② 过 2mm 筛。将试样过 2mm 细筛，分别称出筛上和筛下土质量。

③ 分类筛析。取 2mm 筛上试样倒入依次叠好的粗筛的最上层筛中；取 2mm 筛下试样倒入依次叠好的细筛最上层筛中，进行筛析。细筛宜放在振筛机上震摇，震摇时间应为 10～15min。（若 2mm 筛下的土小于试样总质量的 10%，则可省略细筛筛析。若 2mm 筛上的土小于试样总质量的 10%，则可省略粗筛筛析。）

④ 称各筛上的试样质量。由最大孔径筛开始，顺序将各筛取下，在白纸上用手轻叩摇晃筛，当仍有土粒漏下时，应继续轻叩摇晃筛，至无土粒漏下为止。漏下的土粒应全部放入下级筛内，并将留在各筛上的试样分别称量，当试样质量小于 500g 时，准确至 0.1g。

⑤ 总质量检验。筛前试样总质量与筛后各级筛上和筛底试样质量的总和的差值不得大于试样总质量的 1%。

(3) 含有黏土粒的砂砾土筛析法步骤

应按下列步骤进行：

① 碾散并称试样质量。将土样放在橡皮板上用土碾将黏结的土团充分碾散，用四分法取样，取样时按 (1) 的规定称取代表性试样，置于盛有清水的瓷盆中，用搅棒搅拌，使试样充分浸润，并使粗细颗粒分离。

② 过 2mm 筛并粗筛筛析。将浸润后的混合液过 2mm 细筛，边搅拌边冲洗边过筛，直至筛上仅留大于 2mm 的土粒为止。然后将筛上的土烘干称量，准确至 0.1g。按 (2)③④进行粗筛筛析。

③ 过 0.075mm 筛。用带橡皮头的研杵研磨粒径小于 2mm 的混合液，待稍沉淀，将上部悬液过 0.075mm 筛。再向瓷盆加清水研磨，静置过筛。如此反复，直至盆内悬液澄清。最后将全部土料倒在 0.075mm 筛上，用水冲洗，直至筛上仅留粒径大于 0.075mm 的净砂为止。

④ 称 0.075～2mm 土的质量并筛析。将粒径大于 0.075mm 的净砂烘干称量，准确至

0.01g。并应按（2）③④进行细筛筛析。

⑤ 计算小于 0.075mm 土的质量。将粒径大于 2mm 的土和粒径为 2～0.075mm 的土的质量从原取土总质量中减去，即得粒径小于 0.075mm 的土的质量。

⑥ 小于 0.075mm 土的质量检验。当粒径小于 0.075mm 的试样质量大于总质量的 10% 时，应按密度计法或移液管法测定粒径小于 0.075mm 的颗粒组成。

5.1.4 试验成果整理

(1) 小于某粒径的试样质量占试样总质量百分数

应按下式计算：

$$X = \frac{m_A}{m_B} d_s \tag{5.1}$$

式中　X——小于某粒径的试样质量占试样总质量的百分数，%；

　　　m_A——小于某粒径的试样质量，g；

　　　m_B——当细筛分析时或用密度计法分析时所取试样质量（粗筛分析时则为试样总质量），g；

　　　d_s——粒径小于 2mm 或粒径小于 0.075mm 的试样质量占总质量的百分数，%。

(2) 颗粒大小分布曲线（图 5.7）

以小于某粒径的试样质量占试样总质量的百分数为纵坐标，颗粒粒径为横坐标，在单对数坐标上绘制颗粒大小分布曲线。

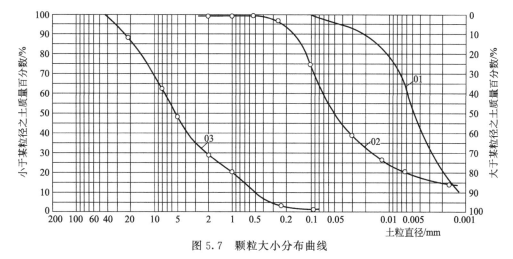

图 5.7　颗粒大小分布曲线

(3)级配指标不均匀系数和曲率系数 C_u、C_c

不均匀系数

$$C_u = \frac{d_{60}}{d_{10}} \tag{5.2}$$

式中　C_u——不均匀系数；

　　　d_{60}——限制粒径，mm，在粒径分布曲线上小于该粒径的土含量占总土质量60%的粒径；

d_{10}——有效粒径，mm，在粒径分布曲线上小于该粒径的土含量占总土质量 10% 的粒径。

曲率系数

$$C_c = \frac{d_{30}^2}{d_{60} d_{10}}$$ (5.3)

式中 C_c——曲率系数；

d_{30}——在粒径分布曲线上小于该粒径的土含量占总土质量 30% 的粒径，mm。

按不均匀系数和曲率系数判定土的级配或均一性，判断标准为：当 $C_u \geqslant 5$，$C_c = 1 \sim 3$ 时，为良好级配土或不均粒土；若不能同时满足上述条件，则为不良级配土或均粒土。

(4) 颗粒分析试验记录表 (筛析法)

见表 5.1。

表 5.1 颗粒分析试验记录表 (筛析法)

任务单号		试验者	
试验日期		计算者	
烘箱编号		校核者	
试样编号		天平编号	

风干土质量 = _____ g	小于 0.075mm 的土占总土质量百分数 X = _____ %
2mm 筛上土质量 = _____ g	小于 2mm 的土占总土质量百分数 X = _____ %
2mm 筛下土质量 = _____ g	细筛分析时所取试样质量 m_B = _____ g

试验筛编号	孔径/mm	累积留筛土质量 /g	小于某粒径的试样 质量 m_A/g	小于某粒径的试样 质量百分数/%	小于某孔径的试样质量 占试样总质量的百分数 X/%
底盘总计					

探索思考题

(1) 筛分试验中，当试样总质量与累计留筛土质量不一致时，应如何处理？

(2) 颗粒分析试验的适用条件是什么？

(3) 颗粒大小分布曲线应如何绘制？颗粒大小分布曲线陡缓代表什么？

5.2 密度计法

5.2.1 试验原理

当悬着液中的土粒在重力作用下下沉时，较大的土颗粒下沉较快，而较小的土颗粒下沉较慢。随着悬着液中土粒的下沉，悬浊液的密度会不断降低。密度计法是通过测量不同时间悬着液密度反推土粒的粒径分布。密度计法属于沉降分析法的一种，只适用于粒径小于 0.075mm 的试样。

5.2.2 试验仪器设备

① 密度计。甲种：刻度单位以 20℃时每 1000mL 悬液内所含土质量的克数表示，刻度为 -5～50，分度值为 0.5。

乙种：刻度单位以 20℃时悬液的比重表示，刻度为 0.995～1.020，分度值为 0.0002。

② 量筒。高约 45cm，直径约 6cm，容积 1000mL。刻度为 0～1000mL，分度值为 10mL。

③ 试验筛。细筛：孔径 2mm、1mm、0.5mm、0.25mm、0.15mm。

洗筛：孔径 0.075mm。

④ 天平。称量 200g，分度值 0.01g。

⑤ 温度计。刻度 0～50℃，分度值 0.5℃。

⑥ 洗筛漏斗。直径略大于洗筛直径，使洗筛恰可套入漏斗中。

⑦ 搅拌器。轮径 50mm，孔径约 3mm；杆长约 400mm，带旋转叶。

⑧ 煮沸设备。附冷凝管。

⑨ 分散剂。浓度 4% 六偏磷酸钠，6% 过氧化氢，1% 硅酸钠。

⑩ 水溶盐检验试剂。10% 盐酸，5% 氯化钡，10% 硝酸，5% 硝酸银。

⑪ 其他。秒表、锥形瓶、研钵、木杵、电导率仪。

5.2.3 试验操作步骤

★ 【思考】为什么要使土颗粒分散？为什么要过 0.075mm 的筛？

(1) 取代表性试样

宜采用风干土试样，并应按下式计算试样干质量为 30g 时所需的风干土质量：

$$m_0 = m_d(1 + 0.01w_0) \tag{5.4}$$

式中　w_0——风干土含水率，%。

(2) 易溶盐含量检验

试样中易溶盐含量大于总质量的 0.5% 时，必须洗盐。

① 电导法。按电导率仪使用说明书操作，测定温度 T℃时，试样溶液（土水比 1:5）的电导率，20℃时的电导率应按下式计算：

$$K_{20} = \frac{K_T}{1 + 0.02(T - 20)} \tag{5.5}$$

式中　K_{20}——20℃时悬液的电导率，μS/cm；

K_T——T℃时悬液的电导率，μS/cm；

T——测定时悬液的温度，℃。

当 $K_{20} > 1000\mu$S/cm 时，应洗盐。

② 目测法。取风干试样 3g 于烧杯中，加适量纯水调成糊状研散，再加纯水 25mL 煮沸 10min 冷却后移入试管中，放置过夜，观察试管，当出现凝聚现象时应洗盐。

(3) 洗盐

① 冲洗过滤。将分析用的试样放入调土杯内，注入少量蒸馏水，拌和均匀。迅速倒入

贴有滤纸的漏斗中，并注入蒸馏水冲洗过滤。附在调土杯上的土粒全部洗入漏斗。发现滤液浑浊时，应重新过滤。应经常使漏斗内的液面保持高出土面约 5cm。每次加水后，应用表面皿盖住漏斗。

② 检查易溶盐清洗程度。可用 2 个试管各取刚滤下的滤液 3～5mL。其中，一管加入 3～5 滴 10%盐酸和 5%氯化钡；另一管加入 3～5 滴 10%硝酸和 5%硝酸银。当发现管中有白色沉淀时，试样中的易溶盐未洗净，应继续清洗，直至检查时试管中均不再发现白色沉淀为止。

③ 风干试样。洗盐后将漏斗中的土样仔细洗下，风干试样。

(4) 浸泡

称干质量为 30g 的风干试样倒入锥形瓶中，勿使土粒丢失。注入水 200mL，浸泡约 12h。

(5) 煮沸

将锥形瓶放在煮沸设备上，连接冷凝管进行煮沸。煮沸时间约为 1h。

(6) 洗样

将冷却后的悬液倒入瓷杯中，静置约 1min，将上部悬液倒入量筒。杯底沉淀物用带橡皮头研杵细心研散，加水，经搅拌后，静置约 1min，再将上部悬液倒入量筒。如此反复操作，直至杯内悬液澄清为止。当土中粒径大于 0.075mm 的颗粒大致超过试样总质量的 15% 时，应将其全部倒至 0.075mm 筛上冲洗，直至筛上仅留大于 0.075mm 的颗粒为止。

(7) 大于 0.075mm 的颗粒筛析

将留在洗筛上的颗粒洗入蒸发皿内，倾去上部清水，烘干称量，按筛析法试验步骤（2）进行细筛筛析。

(8) 加入分散剂

将过筛悬液倒入量筒，加 4%浓度的六偏磷酸钠约 10mL 于量筒溶液中，再注入纯水，使筒内悬液达 1000mL。当加入六偏磷酸钠后土样产生凝聚时，应选用其他分散剂。

(9) 搅拌

用搅拌器在量筒内沿整个悬液深度上下搅拌约 1min，往复各约 30 次，搅拌时勿使悬液溅出筒外。使悬液内土粒均匀分布。

(10) 密度计读数

取出搅拌器，将密度计放入悬液中，同时开动秒表。可测经 0.5min、1min、2min、5min、15min、30min、60min、120min、180min 和 1440min 时的密度计读数。每次读数均应在预定时间前 10～20s 将密度计小心地放入悬液接近读数的深度，并应将密度计浮泡保持在量筒中部位置，不得贴近筒壁。密度计读数均以弯液面上缘为准。甲种密度计应准确至 0.5，乙种密度应准确至 0.0002。

(11) 测温

每次读数完毕立即取出密度计放入盛有纯水的量筒中，并测定各相应的悬液温度，精确至 0.5℃。放入或取出密度计时，应尽量减少悬液的扰动。

(12) 大于 0.075mm 颗粒占比检验

当试样在分析前未过 0.075mm 洗筛，在密度计第 1 个读数时，发现下沉的土粒已超过试样总质量的 15％时，则于试验结束后，将量筒中土粒过 0.075mm 筛，应按（7）的规定进行筛析，并计算各级颗粒占试样总质量的百分比。

5.2.4 试验成果整理

(1) 甲种密度计，小于某粒径的试样质量占试样总质量百分数

应按下列公式计算：

$$X = \frac{100}{m_d} C_s (R_1 + m_T + n_w - C_D) \tag{5.6}$$

$$C_s = \frac{\rho_s}{\rho_s - \rho_{w20}} \times \frac{2.65 - \rho_{w20}}{2.65} \tag{5.7}$$

式中 C_s——土粒比重校正值，也可按表 5.2 执行；

R_1——甲种密度计读数；

m_T——温度校正值，可按表 5.3 执行；

n_w——弯液面校正值，即在清水中读出密度计弯液面顶面高出其底面的数值；

C_D——分散剂校正值，即测定 20℃蒸馏水密度和 20℃蒸馏水加分散剂水溶液的密度的差值；

ρ_s——土粒密度，g/cm³；

ρ_{w20}——20℃时水的密度，g/cm³。

X——小于某粒径的试样质量占试样总质量的百分数，％。

表 5.2 土粒比重校正值

土粒比重	甲种土壤密度计比重校正值 C_s	乙种土壤密度计比重校正值 C'_s	土粒比重	甲种土壤密度计比重校正值 C_s	乙种土壤密度计比重校正值 C'_s
2.50	1.038	1.666	2.70	0.989	1.588
2.52	1.032	1.658	2.72	0.985	1.581
2.54	1.027	1.649	2.74	0.981	1.575
2.56	1.022	1.641	2.76	0.977	1.568
2.58	1.017	1.632	2.78	0.973	1.562
2.60	1.012	1.625	2.80	0.969	1.556
2.62	1.007	1.617	2.82	0.965	1.549
2.64	1.002	1.609	2.84	0.961	1.543
2.66	0.998	1.603	2.86	0.958	1.538
2.68	0.993	1.595	2.88	0.954	1.532

表 5.3 温度校正值

悬液温度/℃	甲种密度计温度校正值 m_T	乙种密度计温度校正值 m'_T	悬液温度/℃	甲种密度计温度校正值 m_T	乙种密度计温度校正值 m'_T
10.0	−2.0	−0.0012	20.0	0.0	+0.0000
10.5	−1.9	−0.0012	20.5	+0.1	+0.0001
11.0	−1.9	−0.0012	21.0	+0.3	+0.0002
11.5	−1.8	−0.0011	21.5	+0.5	+0.0003
12.0	−1.8	−0.0011	22.0	+0.6	+0.0004
12.5	−1.7	−0.0010	22.5	+0.8	+0.0005
13.0	−1.6	−0.0010	23.0	+0.9	+0.0006
13.5	−1.5	−0.0009	23.5	+1.1	+0.0007
14.0	−1.4	−0.0009	24.0	+1.3	+0.0008

悬液温度/℃	甲种密度计 温度校正值 m_T	乙种密度计 温度校正值 m'_T	悬液温度/℃	甲种密度计 温度校正值 m_T	乙种密度计 温度校正值 m'_T
14.5	−1.3	−0.0008	24.5	+1.5	+0.0009
15.0	−1.2	−0.0008	25.0	+1.7	+0.0010
15.5	−1.1	−0.0007	25.5	+1.9	+0.0011
16.0	−1.0	−0.0006	26.0	+2.1	+0.0013
16.5	−0.9	−0.0006	26.5	+2.2	+0.0014
17.0	−0.8	−0.0005	27.0	+2.5	+0.0015
17.5	−0.7	−0.0004	27.5	+2.6	+0.0016
18.0	−0.5	−0.0003	28.0	+2.9	+0.0018
18.5	−0.4	−0.0003	28.5	+3.1	+0.0019
19.0	−0.3	−0.0002	29.0	+3.3	+0.0021
19.5	−0.1	−0.0001	29.5	+3.5	+0.0022
20.0	−0.0	−0.0000	30.0	+3.7	+0.0023

(2) 乙种密度计，小于某粒径的试样质量占试样总质量百分数

应按下列公式计算：

$$X = \frac{100V}{m_d} C'_s \left[(R_2 - 1) + m'_T + n'_w - C'_D \right] \rho_{w20} \tag{5.8}$$

$$C'_s = \frac{\rho_s}{\rho_s - \rho_{w20}} \tag{5.9}$$

式中　V——悬液体积，mL；

C'_s——土粒比重校正值，可按表 5.2 执行；

R_2——乙种密度计读数；

m'_T——温度校正值，可按表 5.3 执行；

n'_w——弯液面校正值，即在清水中读出密度计弯液面顶面高出其底面的数值；

C'_D——分散剂校正值，即测定 20℃蒸馏水密度和 20℃蒸馏水加分散剂水溶液的密度的差值；

X——小于某粒径的试样质量占试样总质量的百分数，%。

(3) 粒径

应按下式计算：

$$d = \sqrt{\frac{1800 \times 10^4 \eta}{(G_s - G_{wT})\rho_{w0} g} \times \frac{L_t}{t}} \tag{5.10}$$

式中　d——粒径，mm；

η——水的动力黏滞系数（1×10^{-6} kPa·s），可按表 5.4 执行；

G_{wT}——温度为 T℃时的水的比重；

ρ_{w0}——4℃时水的密度，g/cm³；

g——重力加速度，981cm/s²；

L_t——某一时间 t 内的土粒沉降距离，cm；

t——沉降时间，s。

为了简化计算，式（5.10）也可写成：

表 5.4　水的动力黏滞系数、黏滞系数比、温度校正值

温度 T/℃	动力黏滞系数 η/ (1×10^{-6}kPa·s)	η_T/η_{20}	温度校正 系数 T_D	温度 T/℃	动力黏滞系数 η/ (1×10^{-6}kPa·s)	η_T/η_{20}	温度校正 系数 T_D
5.0	1.516	1.501	1.17	6.0	1.470	1.455	1.21
5.5	1.493	1.478	1.19	6.5	1.449	1.435	1.23

温度 $T/℃$	动力黏滞系数 $\eta/$ $(1\times10^{-6}kPa \cdot s)$	η_T/η_{20}	温度校正系数 T_D	温度 $T/℃$	动力黏滞系数 $\eta/$ $(1\times10^{-6}kPa \cdot s)$	η_T/η_{20}	温度校正系数 T_D
7.0	1.428	1.414	1.25	18.5	1.048	1.038	1.70
7.5	1.407	1.393	1.27	19.0	1.035	1.025	1.72
8.0	1.387	1.373	1.28	19.5	1.022	1.012	1.74
8.5	1.367	1.353	1.30	20.0	1.010	1.000	1.76
9.0	1.347	1.334	1.32	20.5	0.998	0.988	1.78
9.5	1.328	1.315	1.34	21.0	0.986	0.976	1.80
10.0	1.310	1.297	1.36	21.5	0.974	0.964	1.83
10.5	1.292	1.279	1.38	22.0	0.963	0.953	1.85
11.0	1.274	1.261	1.40	22.5	0.952	0.943	1.87
11.5	1.256	1.243	1.42	23.0	0.941	0.932	1.89
12.0	1.239	1.227	1.44	24.0	0.919	0.910	1.94
12.5	1.223	1.211	1.46	25.0	0.899	0.890	1.98
13.0	1.206	1.194	1.48	26.0	0.879	0.870	2.03
13.5	1.188	1.176	1.50	27.0	0.859	0.850	2.07
14.0	1.175	1.163	1.52	28.0	0.841	0.833	2.12
14.5	1.160	1.148	1.54	29.0	0.823	0.815	2.16
15.0	1.144	1.133	1.56	30.0	0.806	0.798	2.21
15.5	1.130	1.119	1.58	31.0	0.789	0.781	2.25
16.0	1.115	1.104	1.60	32.0	0.773	0.765	2.30
16.5	1.101	1.090	1.62	33.0	0.757	0.750	2.34
17.0	1.088	1.077	1.64	34.0	0.742	0.735	2.39
17.5	1.074	1.066	1.66	35.0	0.727	0.720	2.43
18.0	1.061	1.050	1.68	—	—	—	—

$$d = K\sqrt{\frac{L_t}{t}} \tag{5.11}$$

$$K = \sqrt{\frac{1800\times10^4\eta}{(G_s - G_{wT})\rho_{w0}g}} \tag{5.12}$$

式中　K——粒径计算系数。

与悬液温度和土粒比重有关。其值可按表 5.5 执行。

表 5.5　粒径计算系数 K 值

温度/℃	土粒比重 G_s								
	2.45	2.50	2.55	2.60	2.65	2.70	2.75	2.80	2.85
5	0.1385	0.1360	0.1339	0.1318	0.1298	0.1279	0.1261	0.1243	0.1226
6	0.1365	0.1342	0.1320	0.1299	0.1280	0.1261	0.1243	0.1225	0.1208
7	0.1344	0.1321	0.1300	0.1280	0.1260	0.1241	0.1224	0.1206	0.1189
8	0.1324	0.1302	0.1281	0.1260	0.1241	0.1223	0.1205	0.1188	0.1182
9	0.1305	0.1283	0.1262	0.1242	0.1224	0.1205	0.1187	0.1171	0.1164
10	0.1288	0.1267	0.1247	0.1227	0.1208	0.1189	0.1173	0.1156	0.1141
11	0.1270	0.1249	0.1229	0.1209	0.1190	0.1173	0.1156	0.1140	0.1124
12	0.1253	0.1232	0.1212	0.1193	0.1175	0.1157	0.1140	0.1124	0.1109
13	0.1235	0.1214	0.1195	0.1175	0.1158	0.1141	0.1124	0.1109	0.1004
14	0.1221	0.1200	0.1180	0.1162	0.1149	0.1127	0.1111	0.1095	0.1000
15	0.1205	0.1184	0.1165	0.1148	0.1130	0.1113	0.1096	0.1081	0.1067
16	0.1189	0.1169	0.1150	0.1132	0.1115	0.1098	0.1083	0.1067	0.1053

5 颗粒分析试验

温度/℃	土粒比重 G_s								
	2.45	2.50	2.55	2.60	2.65	2.70	2.75	2.80	2.85
17	0.1173	0.1154	0.1135	0.1118	0.1100	0.1085	0.1069	0.1047	0.1039
18	0.1159	0.1140	0.1121	0.1103	0.1086	0.1071	0.1055	0.1040	0.1026
19	0.1145	0.1125	0.1108	0.1090	0.1073	0.1058	0.1031	0.1088	0.1014
20	0.1130	0.1111	0.1093	0.1075	0.1059	0.1043	0.1029	0.1014	0.1000
21	0.1118	0.1099	0.1081	0.1064	0.1043	0.1033	0.1018	0.1003	0.0990
22	0.1103	0.1085	0.1067	0.1050	0.1035	0.1019	0.1004	0.0990	0.09767
23	0.1091	0.1072	0.1055	0.1038	0.1023	0.1007	0.09930	0.09793	0.09659
24	0.1078	0.1061	0.1044	0.1028	0.1012	0.09970	0.09823	0.09600	0.09555
25	0.1065	0.1047	0.1031	0.1014	0.09990	0.09839	0.09701	0.09566	0.09434
26	0.1054	0.1035	0.1019	0.1003	0.09897	0.09731	0.09592	0.09455	0.09327
27	0.1041	0.1024	0.1007	0.09915	0.09767	0.09623	0.09482	0.09349	0.09225
28	0.1032	0.1014	0.09975	0.09818	0.09670	0.09529	0.09391	0.09257	0.09132
29	0.1019	0.1002	0.09859	0.09706	0.09555	0.09413	0.09279	0.09144	0.09028
30	0.1008	0.09910	0.09752	0.09597	0.09450	0.09311	0.09176	0.09050	0.08927

(4) 绘制颗粒大小分布曲线

用小于某粒径的土质量百分数为纵坐标，粒径为横坐标，在单对数横坐标上绘制颗粒大小分布曲线。当与筛析法联合分析时，应将两段曲线绘成一平滑曲线。

(5) 颗粒分析试验记录表（密度计法）

记录表见表 5.6。

表 5.6 颗粒分析试验记录表（密度计法）

任务单号		试验日期	
试样编号		试验者	
烧瓶编号		计算者	
量筒编号		校核者	
烘箱编号		天平编号	
密度计编号			

小于 0.075mm 颗粒土质量百分数_____ 干土总质量 30g 风干土质量_____g 土粒比重 G_s_____

试样处理说明_____ 比重校正值 G_s_____ 弯液面校正值 n_w_____

下沉时间 t/min	悬液温度 T/℃	密度计读数					土料落距 L_1/cm	粒径 d/mm	小于某粒径的土质量百分数/%	小于某孔径的试样质量占试样总质量的百分数 X/%
		密度计读数 R_1	温度校正值 m_T	分散剂校正值 C_D	$R_M = R_1 + m_T + n_w - C_D$	$R_H = R_M C_s$				

探索思考题

(1) 密度计法的原理是什么？适用什么样的土？

（2）试验时需要用密度计按一定的时间间隔测定悬液的读数，如果未按规定时间测读数据，对试验结果有什么影响？

（3）制备悬液时为什么要用分散剂？

（4）密度计长时间放置悬液对试验结果是否有影响？为什么？

5.3 移液管法

5.3.1 试验原理

当悬液中的土粒在重力作用下下沉时，较大的土颗粒下沉较快，而较小的土颗粒下沉较慢。随着悬液中土粒的下沉，悬液的密度会不断降低。与密度计法不同的是，移液管法主要是从量筒某一深度吸取一定体积的悬液注入烧杯中烘干、称量，进而推算土粒的粒径分布。移液管法也属于沉降分析法的一种，只适用于粒径小于 0.075mm 的试样。

5.3.2 试验仪器设备

① 移液管（图 5.8）：容积 25mL；

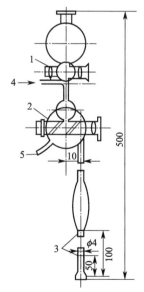

图 5.8　移液管（单位：mm）

1—二通阀；2—三通阀；3—移液管；4—接吸球；5—放流口

② 小烧杯：容积 50mL；

③ 天平：称量 200g，分度值 0.001g；

④ 其他：温度计、洗筛漏斗、搅拌器、煮沸设备、秒表、锥形瓶、研钵、木杵、电导率仪等。

5.3.3 试验操作步骤

★【思考】移液管法与密度计法的异同？

(1) 制取悬液

取代表性试样，黏土为 10～15g，砂土为 20g，按密度计法试验步骤 1～8 的规定制取悬液。

(2) 测记悬液温度

将盛试样悬液的量筒放入恒温水槽中，测记悬液温度，准确至 0.5℃。试验中悬液温度允许变化范围应为 ±0.5℃。

(3) 计算静置时间

可按式 (5.10) 推算出粒径小于 0.05mm、0.01mm、0.005mm、0.002mm 和其他所需粒径下沉一定深度所需的静置时间。

(4) 接通移液管

准备好移液管，将二通阀置于关闭位置，三通阀置于移液管和吸球相通的位置。

(5) 搅拌

用搅拌器沿悬液上、下搅拌各 30 次，时间 1min，取出搅拌器。

(6) 吸取悬液

开动秒表，根据各粒径的静置时间，提前约 10s，将移液管放入悬液中，浸入深度为 10cm，用吸球吸取悬液，吸取悬液量不应少于 25mL。

(7) 放回多余悬液

旋转三通阀，使与放流口相通，将多余的悬液从放流口放出，收集后倒入原量筒内的悬液中。

(8) 悬液放入烧杯

将移液管下口放入已称量过的小烧杯中，由上口倒入少量纯水，开三通阀使水流入移液管，连同移液管内的试样悬液流入小烧杯内。

(9) 吸取下一组悬液

每吸取一组粒径的悬液后必须重新搅拌，再吸取另一组粒径的悬液。

(10) 烘干称量

将烧杯内的悬液蒸发浓缩至半干，在 105～110℃ 下烘至恒量，称小烧杯连同干土的质量，准确至 0.001g。

5.3.4 试验成果整理

(1) 小于某粒径的试样质量占试样总质量的百分数

应按下式计算：

$$X = \frac{m_{ds} V_x}{V'_x m_d} \times 100 \qquad (5.13)$$

式中　m_d——吸取悬液中（25mL）土粒的干土质量，g；

　　　V_x——悬液总体积，$V_x = 1000\text{mL}$；

　　　V'_x——移液管每次吸取的悬液体积，$V'_x = 25\text{mL}$。

(2) 绘制颗粒大小分布曲线

以小于某粒径的试样质量百分数为纵坐标，粒径为横坐标，在单对数横坐标纸上绘制颗粒大小分布曲线。

(3) 颗粒分析试验记录表（移液管法）

见表 5.7。

表 5.7　颗粒分析试验记录表（移液管法）

任务单号		试验日期	
试样编号		试验者	
烘箱编号		计算者	
量筒编号		校核者	
移液管编号		天平编号	
三角烧瓶编号			

小于 2mm 颗粒土质量百分数 _____　小于 0.075mm 颗粒土质量百分数 _____
干土总质量 m_d _____ g　　土粒比重 G_s _____　移液管体积 V'_x _____

粒径 d /mm	杯号	杯加干土质量 /g	杯质量 /g	吸管内悬液土粒的干土质量 m_{dx} /g	1000mL 量筒内土质量 m_d/g	小于某粒径的土质量百分数 /%	小于某粒径土占总土质量百分数 X/%
(1)	(2)	(3)	(4)	(5)=(3)-(4)	(6)	(7)	(8)

探索思考题

(1) 什么是颗粒分析？颗粒分析成果在工程中如何应用？

(2) 颗粒分析试验有哪些试验方法？这些试验方法的适用条件是什么？

6 界限含水率试验

在日常生活中，常常遇到雨天土路泥泞不堪，而久晴后土路异常坚硬。这表明土的工程性质与它的含水率密切相关。工程上根据含水率的增加使黏性土由硬变软的过程，将其划分为坚硬、硬塑、可塑、软塑和流塑等几种基本物理状态。黏性土由一种状态转到另一种状态的含水率，称为界限含水率，它对黏性土的分类及工程性质评价有重要意义。

土由可塑状态转到流动状态的界限含水率称为液限，用 w_L 表示；

土由可塑状态到半固态的界限含水率称为塑限，用 w_P 表示；

土由半固态不断蒸发水分，则体积继续逐渐缩小，直到体积不再收缩时，对应土的界限含水率叫缩限，用 w_S 表示。

📖 工程案例

在某高速公路第一期工程××段某取土场中取原状土样进行了土工试验。经试验，此土的液限为 51.2%，塑限为 23.1%，塑性指数为 28.1，最大干密度为 $1.89g/cm^3$，最佳含水量为 9.6%。土中不含有机质，对此土进行筛分试验，试验结果表明颗粒直径 ≥10mm 的占 2.4%，≥5mm 的占 11.9%，≥2mm 的占 23.2%，≥0.5mm 的占 29.5%，≥0.074mm 的占 37.6%，<0.074mm 的占 62.4%。

根据《公路土工试验规程》（JTG E40—2007），土的颗粒根据图 6.1 所列粒组范围划分粒组。

200	60	20	5	2	0.5	0.25	0.075	0.002	
巨粒组		粗粒组						细粒组	
漂石 (块石)	卵石 (小块石)	砾(角砾)			砂			粉粒	黏粒
		粗	中	细	粗	中	细		

图 6.1 粒组划分（单位：mm）

试样中细粒组土粒质量多于或等于总质量 50% 的土称细粒土。细粒土按下列规定划分。

① 细粒土中粗粒组质量少于或等于总质量 25% 的土称粉质土或黏质土。

② 细粒土中粗粒组质量为总质量 25%～50%（含 50%）的土称含粗粒的粉质土或含粗粒的黏质土。

③ 试样中有机质含量多于或等于总质量的 5%，且少于总质量 10% 的土称为有机质土。试样中有机质含量多于或等于 10% 的土称为有机土。

具体是粉质土还是黏质土，是否属于高液限，应根据塑性图（图 6.2）进行区分。当粗粒组中砾粒组质量多于砂粒组质量时，称含砾细粒土，在细粒土代号后缀以代号"C"；反之，称含砂细粒土，在细粒土代号后缀以代号"S"。

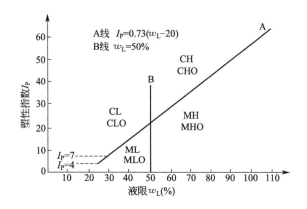

图 6.2　塑性图

CH—高液限黏土；CL—低液限黏土；MH—高液限粉土；ML—低液限粉土；CHO—有机质高液限黏土；
CLO—有机质低液限黏土；MHO—有机质高液限粉土；MLO—有机质低液限粉土

① 根据《公路土工试验规程》JTG E40—2007，请问该试样应该划分为哪一分类？

根据《公路路基施工技术规范》JTG F10—2006 的 4.1.2 条第 3 款规定，液限大于 50%、塑性指数大于 26、含水量不适宜直接压实的细粒土，不得直接作为路堤填料。

② 请问该取土场的土是否可以直接作为路堤填料？

 试验目的

界限含水率试验的目的是测定细粒土的液限、塑限，用以对黏性土进行分类，判断土的状态，供设计施工使用。

试验方法

(1) 液塑限联合测定法

液塑限联合测定法是根据圆锥仪的圆锥入土深度与土的含水率在双对数坐标上的线性关系特性来进行测量的。圆锥质量为 76g 的液塑限联合测定仪圆锥下沉深度为 17mm 所对应的含水率即为液限，圆锥下沉深度为 2mm 所对应的含水率即为塑限。可根据试验结果在对数坐标上绘制的含水率-圆锥入土深度图，查得试样的液限和塑限。其试验方法见图 6.3。

(2) 碟式仪液限法

试验时将制备好的试样装入铜碟的前部并刮平，用开槽器将试样从中间划开，以 2 次/s 的速率将铜碟由 10cm 高度下落，当击数为 25 次时，两半土膏在碟底合拢长度刚好达到 13cm，此时土样的含水率为液限。其试验方法见图 6.4。

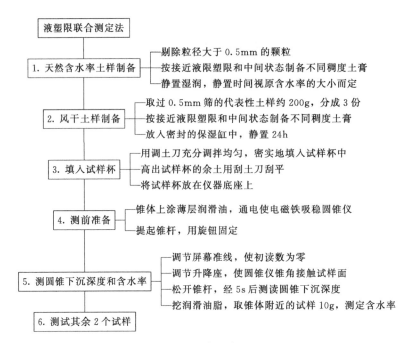

图 6.3 液塑限联合测定法试验流程

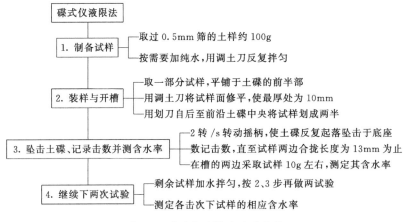

图 6.4 碟式仪液限法试验流程

(3) 搓滚塑限法

当土处于可塑态时，可以被塑成任意形状而不产生裂纹；而当土处于半固态时，很难被搓成任意形状，即使勉强搓成，土面也会产生裂纹或断折等现象。搓滚塑限法是以这两种物理状态特征作为可塑态和半固态的界限作为塑限的，即当把黏性土搓成一定粗细的土条，土条表面刚好开始出现裂纹时的含水率，定为塑限。其试验方法见图 6.5。

(4) 缩限试验

黏质土在饱和状态下，因干燥收缩，当含水率达到缩限后，体积不再变化。缩限试验根据烘干样总体积等于缩限含水率试样总体积的原理推算试样的缩限。该试验用于粒径小于 0.5mm 和有机质不超过 5% 的土。其试验方法见图 6.6。

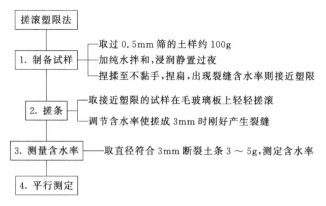

图 6.5　搓滚塑限法试验流程

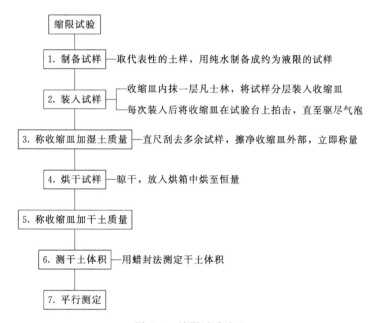

图 6.6　缩限试验流程

适用范围

土的粒径小于 0.5mm 以及有机质含量不大于干土质量 5% 的土。

试验要求

本试验应进行两次平行测定，两次测定的最大允许差值，当含水率小于 10% 时，为 ±0.5%；当含水率在 10%～40% 时，为 ±1%；当含水率大于 40% 时，为 ±2%。

本试验中含水率的测定应按烘干法的要求执行。

注意事项（试验要点）

(1) 液塑限联合测定法

① 将土填入盛土杯中时，应使空气逸出，使土中无气泡存留。

② 试验前，应在标准锥尖涂薄层凡士林；试验结束后，应取下标准锥，用卫生纸或布擦干，放在干燥处。

③ 从杯中取土样进行含水率测试时，须将沾有凡士林的土弃掉再取样。

④ 每个含水率试样设 3 个测点，取其平均值作为该含水率所对应土的圆锥入土深度，若 3 点的入土深度相差太大，则须重新测试。

⑤ 76g 锥下沉深度 17mm 时的含水率为液限，下沉深度 10mm 时的含水率为 10mm 液限。当确定土的液限值用于了解土的物理性质及塑性土分类时，应采用碟式仪法或 17mm 时的含水率确定液限；按现行国家标准《建筑地基基础设计规范》（GB 50007）确定黏性土承载力标准值时，按 10mm 液限计算塑性指数和液性指数。

(2) 碟式仪液限法

① 试样制备时，按需要加纯水，且用调土刀反复拌匀。

② 用划刀自后至前沿土碟中央将试样划成两半时，应保证划痕居中。

(3) 搓滚塑限法

① 搓滚土条应保证土条内外湿度均匀，防止外干内湿。

② 搓滚所施加压力要轻重均匀，防止土条出现中空现象或低塑性土出现水析现象。

③ 搓滚时应用手掌轻压土条，使土条得以向两端伸展，应避免土样在手掌下不受压力滚搓。

④ 土条在数处同时产生裂纹时达塑限，如仅有一条断裂可能是用力不均所致，产生的裂纹必须成螺纹状。

⑤ 对于某些低液限粉质土，始终搓不到 3mm，可认为塑性极低或无塑性，可按细砂处理。

(4) 缩限试验

分层填装试样时，要不断挤压拍击，使试样充分排气，增加试样的饱和度；否则不符合土体积的收缩量等于水分的减少量的基本假定，导致计算缩限指标不准确。

6.1 液塑限联合测定法

6.1.1 试验原理

液塑限联合测定法是根据圆锥仪的圆锥入土深度与土的含水率在双对数坐标上的线性关系特性来进行测量的。圆锥质量为 76g 的液塑限联合测定仪圆锥下沉深度为 17mm 所对应的含水率即为液限，圆锥下沉深度为 2mm 所对应的含水率即为塑限。可根据试验结果在对数坐标上绘制的含水率-圆锥入土深度图查得试样的液限和塑限。

6.1.2 试验仪器设备

① 液塑限联合测定仪（图 6.7、图 6.8）：应包括带标尺的圆锥仪、电磁铁、显示屏、

控制开关和试样杯。圆锥仪质量为 76g，锥角为 30°；读数显示宜采用光电式、游标式和百分表式。

    ② 试样杯：直径 40~50mm；高 30~40mm。

    ③ 天平：称量 200g，分度值 0.01g。

    ④ 筛：孔径 0.5mm。

    ⑤ 其他：烘箱、干燥缸、铝盒、调土刀、凡士林。

图 6.7　全自动液塑限联合测定仪　　　　图 6.8　光电式液塑限联合测定仪

6.1.3　试验操作步骤

  ★【思考】试验中，为什么要剔除粒径大于 0.5mm 的颗粒？若测前，锥体上未涂薄层润滑油脂，对试验结果有何影响？

(1) 天然含水率土样制备

液塑限联合试验宜采用天然含水率的土样制备试样，也可用风干土制备试样。当采用天然含水率的土样时，剔除粒径大于 0.5mm 的颗粒，再分别按接近液限、塑限和二者的中间状态制备不同稠度的土膏，静置湿润。静置时间可视原含水率的大小而定。

(2) 风干土样制备

当采用风干土样时，取过 0.5mm 筛的代表性土样约 200g，分成 3 份，分别放入 3 个盛土皿中，加入不同数量的纯水，使其分别达到接近液限、塑限和二者的中间状态的含水率，调成均匀土膏，放入密封的保湿缸中，静置 24h。

(3) 填入试样杯

将制备好的土膏用调土刀充分调拌均匀，密实地填入试样杯中，使空气逸出。高出试样杯的余土用刮土刀刮平，将试样杯放在仪器底座上。

(4) 测前准备

取圆锥仪，在锥体上涂以薄层润滑油脂，接通电源，使电磁铁吸稳圆锥仪。当使用游标式或百分表式时，提起锥杆，用旋钮固定。

(5) 测圆锥下沉深度和含水率

调节屏幕准线，使初读数为零。调节升降座，使圆锥仪锥角接触试样面，指标灯亮时圆锥在自重下沉入试样内，当使用游标式或百分表式时用手扭动旋扭，松开锥杆，经5s后测读圆锥下沉深度。然后取出试样杯，挖去锥尖入土处的润滑油脂，取锥体附近的试样不得少于10g，放入称量盒内，称量，准确至0.01g，测定含水率。

(6) 测试其余 2 个试样

应按(3)～(5)的测试方法，测试其余2个试样的圆锥下沉深度和含水率。

6.1.4　试验成果整理

(1) 绘制圆锥下沉深度与含水率关系曲线

以含水率为横坐标，圆锥下沉深度为纵坐标，在双对数坐标纸上绘制关系曲线。三点连一直线（图6.9中的A线）。当三点不在一直线上，通过高含水率的一点与其余两点连成两条直线，在圆锥下沉深度为2mm处查得相应的含水率，当两个含水率的差值小于2%时，应以该两点含水率的平均值与高含水率的点连成一线（图6.9中的B线）。当两个含水率的差值不小于2%时，应补做试验。

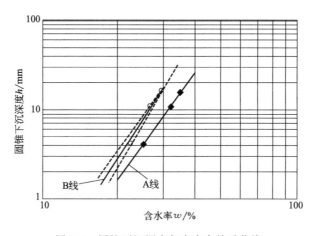

图6.9　圆锥下沉深度与含水率关系曲线

(2) 查图得液限、塑限

通过圆锥下沉深度与含水率关系图，查得下沉深度为17mm时所对应的含水率为液限，下沉深度为10mm所对应的含水率为10mm液限；查得下沉深度为2mm所对应的含水率为塑限，以百分数表示，准确至0.1%。

(3) 塑性指数和液性指数

应按下列公式计算：

$$I_P = w_L - w_P \tag{6.1}$$

$$I_{\mathrm{L}} = \frac{w_0 - w_{\mathrm{P}}}{I_{\mathrm{P}}} \tag{6.2}$$

式中 I_{P}——塑性指数；

       I_{L}——液性指数，计算至 0.01；

      w_0——土含水率，%；

      w_{L}——液限，%；

      w_{P}——塑限，%。

(4) 液塑限联合试验记录表

见表 6.1。

表 6.1　液塑限联合试验记录表

任务单号		试验者	
试验日期		计算者	
天平编号		校核者	
烘箱编号		液塑限联合测定仪编号	

试样编号	圆锥下沉深度 h/mm	盒号	湿土质量 m_0/g	干土质量 m_d/g	含水率 w/%	液限 w_{L}/%	塑限 w_{P}/%	塑性指数 I_{P}
	—	—	(1)	(2)	$(3)=\left[\frac{(1)}{(2)}-1\right]\times100$	(4)	(5)	(6)=(4)-(5)

探索思考题

(1) 工程实践中，塑性指数的大小说明了土的什么特性？

(2) 采用液塑限联合测定法测定液限时，如何将试样紧密地装入试样杯？若试样中存在气泡，对试验结果有何影响？

6.2　碟式仪液限法

6.2.1　试验原理

试验时将制备好的试样装入铜碟的前部并刮平，用开槽器将试样从中间划开，以 2 次/s 的速率将铜碟由 10cm 高度下落，当击数为 25 次时，两半土膏在碟底合拢长度刚好达到 13cm，此时土样的含水率为液限。

6.2.2 试验仪器设备

① 碟式液限仪（图 6.10）：由土碟和支架组成专用仪器，并有专用划刀。其技术条件应符合现行国家标准《土工试验仪器 液限仪 第 1 部分：碟式液限仪》（GB/T 21997.1）的规定；

② 天平：称量 200g，分度值 0.01g；

③ 筛：孔径为 0.5mm；

④ 其他：烘箱、干燥缸、铝盒、调土刀。

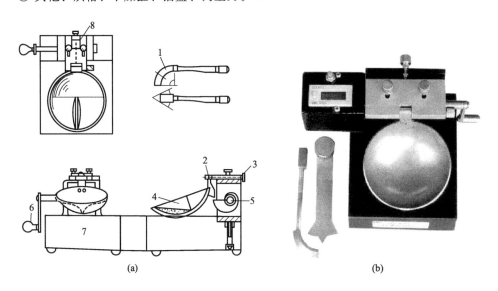

图 6.10　碟式液限仪

1—开槽器；2—销子；3—支架；4—土碟；5—蜗轮；6—摇柄；7—底座；8—调整板

6.2.3 试验操作步骤

★【思考】在将土碟中的剩余试样移至调土皿中加水拌和时，若搅拌不均匀对试验结果有何影响？

(1) 制备试样

取过 0.5mm 筛的土样（天然含水率的土样或风干土样均可）约 100g，放在调土皿中，按需要加纯水，用调土刀反复拌匀。

(2) 装样与开槽

取一部分试样，平铺于土碟的前半部。铺土时应防止试样中混入气泡。用调土刀将试样面修平，使最厚处为 10mm，多余试样放回调土皿中。以蜗形轮为中心，用划刀自后至前沿土碟中央将试样划成槽缝清晰的两半（图 6.11）。为避免槽缝边扯裂或试样在土碟中滑动，

土／力／学／试／验／指／导

允许从前至后，再从后至前多划几次，将槽逐步加深，以代替一次划槽，最后一次从后至前的划槽能明显地接触碟底，但应尽量减少划槽的次数。

(3) 坠击土碟、记录击数并测含水率

以每秒 2 转的速率转动摇柄，使土碟反复起落，坠击于底座上，数记击数，直至试样两边在槽底的合拢长度为 13mm 为止（图 6.12），记录击数，并在槽的两边采取试样 10g 左右，测定其含水率。

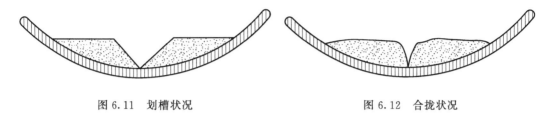

图 6.11　划槽状况　　　　　　　图 6.12　合拢状况

(4) 继续下两次试验

将土碟中的剩余试样移至调土皿中，再加水彻底拌和均匀，按（2）（3）的规定至少再做两次试验。这两次土的稠度应使合拢长度为 13mm 时所需击数为 15～35 次，其中 25 次以上及以下各 1 次。然后测定各击次下试样的相应含水率。

6.2.4　试验成果整理

(1) 各击次下合拢时试样的相应含水率

应按下式计算：

$$w_N = \left(\frac{m_N}{m_d} - 1\right) \times 100 \qquad (6.3)$$

式中　w_N ——N 击下试样的含水率，%；

m_N ——N 击下试样的质量，g；

m_d ——干土质量，g。

(2) 绘制击次与含水率关系曲线

根据试验结果，以含水率为纵坐标，击次为横坐标，在单对数坐标上绘制击次与含水率关系曲线，查得曲线上击数 25 次所对应的含水率，即为该试样的液限。

(3) 碟式仪液限法试验记录表

见表 6.2。

表 6.2　碟式仪液限法试验记录表

任务单号		试验者	
试验日期		计算者	
碟式仪编号		校核者	
烘箱编号		天平编号	

试样编号	击数 N	盒号	湿土质量 m_N/g	干土质量 m_d/g	含水率 w_N/%	液限 w_L/%
	—	—	(1)	(2)	$(3) = \left[\dfrac{(1)}{(2)} - 1\right]$	(4)

探索思考题

如何应用液性指数来评价土的工程性质？

6.3 搓滚塑限法

6.3.1 试验原理

当土处于可塑态时，可以被塑成任意形状而不产生裂纹；而当土处于半固态时，很难被搓成任意形状，即使勉强搓成，土面也会产生裂纹或断折等现象。搓滚塑限法是以这两种物理状态特征作为可塑态和半固态的界限作为塑限的，即当把黏性土搓成一定粗细的土条，土条表面刚好开始出现裂纹时的含水率，定为塑限。

6.3.2 试验仪器设备

① 毛玻璃板：尺寸宜为 200mm×300mm；
② 卡尺：分度值 0.02mm；
③ 天平：称量 200g，分度值 0.01g；
④ 筛：孔径 0.5mm；
⑤ 其他：烘箱、干燥缸、铝盒。

6.3.3 试验操作步骤

★【思考】当土条直径大于 3mm 时即断裂，应弃去，为何要重新取较湿润土试验，而不能直接加水再试验？

(1) 制备试样

取过 0.5mm 筛的代表性试样约 100g，加纯水拌和，浸润静置过夜。将试样在手中捏揉至不黏手，捏扁，当出现裂缝时，表示含水率已接近塑限。

(2) 搓条

① 取接近塑限的试样搓滚。取接近塑限的试样一小块，先手用捏成橄榄形，然后再用手掌在毛玻璃板上轻轻搓滚。搓滚时手掌均匀施加压力于土条上，不得使土条在毛玻璃板上无力滚动，土条不得有空心现象，土条长度不宜大于手掌宽度。

② 调节含水率使搓成 3mm 时刚好产生裂缝。当土条搓成 3mm 时，产生裂缝，并开始断裂，表示试样达到塑限。当不产生裂缝及断裂时，表示这时试样的含水率高于塑限；当土条直径大于 3mm 时即断裂，表示试样含水率小于塑限，应弃去，重新取土试验。当土条在任何含水率下始终搓不到 3mm 即开始断裂，则该土无塑性。

(3) 测量含水率

取直径符合 3mm 断裂土条 3～5g，放入称量盒内，盖紧盒盖，测定含水率。此含水率即为塑限。

(4) 平行测定

进行两次平行测定，两次测定的最大允许差值当含水率小于 10% 时，为 ±0.5%；当含水率在 10%～40% 时，为 ±1%；当含水率大于 40% 时，为 ±2%。

6.3.4 试验成果整理

(1) 塑限

应按下式计算，计算至 0.1%：

$$w_P = \left(\frac{m_0}{m_d} - 1 \right) \times 100 \tag{6.4}$$

式中　　m_0——风干土质量（或天然湿土质量），g；
　　　　m_d——干土质量，g。

(2) 搓滚塑限法试验记录表

见表 6.3。

表 6.3　搓滚塑限法试验记录表

任务单号			试验者		
试验日期			计算者		
烘箱编号			校核者		
天平编号					
试样编号	盒号	湿土质量 m/g	干土质量 m_d/g	含水率 w_P/%	塑限 w_P/%
	—	(1)	(2)	$(3) = \left[\frac{(1)}{(2)} - 1 \right] \times 100$	—

（1）采用搓条法测定土样的塑限时，有哪些现象说明土条的含水率恰好达到塑限？

（2）在塑限试验过程中，如果施加的滚搓力不够均匀，则土条常会出现空心现象，这对试验结果有何影响？

6.4 缩限试验

6.4.1 试验原理

黏质土在饱和状态下，因干燥收缩，当含水率达到缩限后，体积不再变化。缩限试验根据烘干样总体积等于缩限含水率试样总体积的原理推算试样的缩限。该试验用于粒径小于 0.5mm 和有机质不超过 5% 的土。

6.4.2 试验仪器设备

① 收缩皿（或环刀，图 6.13）：金属制成，直径 4.5～5.0cm，高 2.0～3.0cm；

② 天平：称量 500g，分度值 0.01g；

③ 筛：孔径 0.5mm；

④ 其他：蜡、烧杯、细线、针、烘箱、干燥缸、铝盒、调土刀。

图 6.13 收缩皿

6.4.3 试验操作步骤

(1) 制备试样

取代表性的土样，用纯水制备成约为液限的试样。

(2) 装入试样

在收缩皿内抹一薄层凡士林，将试样分层装入收缩皿中，每次装入后将收缩皿在试验台上拍击，直至驱尽气泡为止。

(3) 称收缩皿加湿土质量

收缩皿装满试样后，用直尺刮去多余试样，擦净收缩皿外部，立即称收缩皿加湿土总质量。

(4) 烘干试样

将盛装试样的收缩皿放在室内逐渐晾干，至试样的颜色变淡时，放入烘箱中烘至恒量。

(5) 称收缩皿加干土质量

称收缩皿和干土总质量，应准确至0.01g。

(6) 测干土体积

用蜡封法测定干土体积。

(7) 平行测定

进行两次平行测定，两次测定的最大允许差值当含水率小于10％时，为±0.5％；当含水率在10％～40％时，为±1％；当含水率大于40％时，为±2％。

6.4.4 试验成果整理

(1) 缩限

按下式计算，计算至0.1％：

$$w_s = \left(0.01w' - \frac{V_0 - V_d}{m_d}\rho_w\right) \times 100 \tag{6.5}$$

式中　w_s——缩限，％；

　　　w'——土样所要求的含水率（制备含水率），％；

　　　V_0——湿土体积（即收缩皿或环刀的容积），cm³；

　　　V_d——烘干后土的体积，cm³；

　　　m_d——干土质量，g；

　　　ρ_w——水的密度，g/cm³。

(2) 缩限试验记录表

见表6.4。

表 6.4　缩限试验记录表

任务单号		试验者	
试验日期		计算者	
烘箱编号		校核者	
收缩皿编号		天平编号	

试样编号				
湿土质量/g	(1)	—		
干土质量 m_d/%	(2)	—		
含水率 w'/%	(3)	$\left[\dfrac{(1)}{(2)}-1\right]\times100$		
湿土体积 V_0/cm^3	(4)	—		
干土体积 V_d/cm^3	(5)	—		
收缩体积/(g/cm^3)	(6)	(4)-(5)		
收缩含水率/%	(7)	$\dfrac{(6)}{(2)}\rho_w\times100$		
缩限 w_s/%	(8)	(3)-(7)		
平均值/%	(9)	—		

探索思考题

土的界限含水率有哪几种？其物理意义是什么？

砂土的相对密度试验

在工程实践中经常会发现，两种天然孔隙比完全相同的砂土，可能具有完全不同的密实度；反之，松紧程度巧合的两种砂土所具有的孔隙比可能相差悬殊。其原因在于不同的砂土，在各自的最松散与最密实状态下所具有的最大与最小孔隙比各异，因而天然状态土的密实程度决定于天然孔隙比与最大及最小孔隙比三者的对比情况，采用相对密度衡量。

相对密度试验适用于透水性良好的无黏性土，是无黏性土处于最松状态的孔隙比与天然孔隙比之差和最松状态与最紧状态孔隙比之差的比值。

工程案例

浙江某公司某生产线场地大部分以梯田与山地为主，局部在山坡及山沟中。山坡及山前地带植被茂密。覆盖层砂土（含黏性土砾砂）密实度采用了野外观测方法：用锹可以挖掘，且井壁易坍塌，从坡脚开挖时砂土立即塌落，砂土颗粒含量小于总重的 60%，排列混乱，属于稍密状。根据土工试验数据，砂土试样的土粒相对密度 $d_s = 2.7$，含水率 $w = 9.43\%$，天然密度 $\rho = 1.66/\text{cm}^3$。根据砂土的相对密度试验，砂土试样最小孔隙比 $e_{\min} = 0.471$，最大孔隙比 $e_{\max} = 0.918$。

对于砂土试样

$1 \geqslant D_r > 0.67$ 密实状态

$0.67 \geqslant D_r > 0.33$ 中密状态

$0.33 \geqslant D_r > 0$ 松散状态

请计算该砂土试样的相对密实度，并判别天然状态下该砂土试样处于哪种密实状态？

试验目的

试验目的是测定砂土的最小干密度和最大干密度，求出最大孔隙比和最小孔隙比，用于计算无黏性土的相对密实度（D_r），判别天然状态下砂土的密实度，判断砂土所处的物理状态，为土工建筑设计、施工、质量控制等提供依据。

试验方法

砂土的相对密度试验包括最小干密度试验（图 7.1）和最大干密度试验（图 7.2）。最小干密度试验宜采用漏斗法和量筒法。最大干密度试验采用振动锤击法。

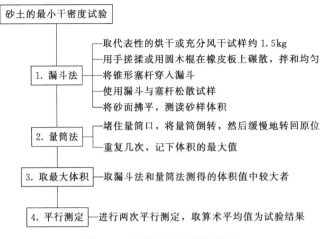

图 7.1　最小干密度试验流程

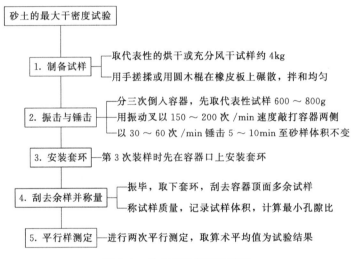

图 7.2　最大干密度试验流程

适用范围

相对密度试验适用于能自由排水的砂砾土，粒径不应大于 5mm，其中粒径为 2～5mm 的土样质量不应大于土样总质量的 15%。

试验要求

本试验应进行两次平行测定，两次测定值其最大允许平行差值应为 ±0.03g/cm³，取两次测值的算术平均值为试验结果。

注意事项（试验要点）

(1) 砂土的最小干密度试验

① 相对密度试验适用于透水性良好的无黏性土，对含细粒较多的试样不宜进行相对密度试验。当细粒土（粒径小于 0.075mm）超过总质量的 12% 时，宜用击实试验测量最大干

密度。

② 含水率有少量的增加，对最大孔隙比的测定影响较大。故在标准中规定用烘干或充分风干的试样（即风干到稳定状态或近于烘干状态），避免产生误差。

③ 在砂土的最小干密度试验中，由于受漏斗管径的限制，较大的粗颗粒受到堵塞；而采用较大管径的漏斗，又不易控制砂土的缓慢流出，故本试验方法适用于粒径小于 5mm 的砂土。

(2) 砂土的最大干密度试验

① 当砂的含水率为零时，与最优含水率时所得到的干密度极相近，因此标准规定采用烘干或充分风干试样。

② 用振动锤击联合法测定砂土的最大干密度时，需尽量避免由于振动功能不同而产生的人为误差。振击时，击锤应提高至规定高度并自由下落。在水平振击时，容器周围均有相等数量的振击点。

7.1 砂土的最小干密度试验

7.1.1 试验原理

砂土的最小干密度试验可采用漏斗法和量筒法。漏斗法是将砂土倒入漏斗中，通过漏斗使颗粒分散后再轻轻落入量筒中，从而求出试样的最大体积，计算砂土的最小干密度；量筒法通过多次将量筒倒转再转回使颗粒分散，进而计算砂土的最小干密度。

相对密度试验适用于能自由排水的砂砾土，粒径不应大于 5mm，其中粒径为 2～5mm 的土样质量不应大于土样总质量的 15%。

7.1.2 试验仪器设备

(1) 量筒：容积为 500mL 及 1000mL 两种，后者内径应大于 6cm；

(2) 长颈漏斗：颈管内径约 1.2cm，颈口磨平；

(3) 锥形塞：直径约 1.5cm 的圆锥体，焊接在铜杆下端；

(4) 天平：称量 1000g，分度值 1g；

(5) 砂面拂平器。

漏斗及砂面拂平器见图 7.3。

7.1.3 试验操作步骤

★【思考】将试样用手搓揉或用圆木棍在橡皮板上碾散后，为什么要拌和均匀，不拌和均匀对试验结果有何影响？

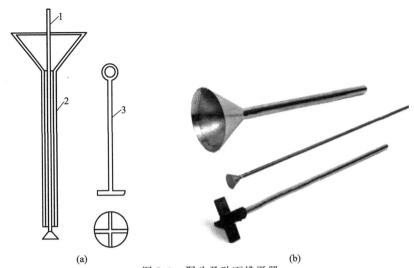

图 7.3　漏斗及砂面拂平器
1—锥形塞；2—长颈漏斗；3—砂面拂平器

(1) 漏斗法

① 碾散和匀。取代表性的烘干或充分风干试样约 1.5kg，用手搓揉或用圆木棍在橡皮板上碾散，并拌和均匀。

② 将锥形塞杆穿入漏斗。将锥形塞杆自漏斗下口穿入，并向上提起，使锥体堵住漏斗管口，一起放入 1000mL 量筒中，使其下端与筒底接触。

③ 松散试样。称取试样 700g，应准确至 1g，均匀倒入漏斗中，将漏斗与塞杆同时提高，然后下放塞杆使锥体略离开管口，管口应经常保持高出砂面 1～2cm，使试样缓缓且均匀地分布落入量筒中。

④ 测读砂样体积。试样全部落入量筒后，取出漏斗与锥形塞，用砂面拂平器将砂面拂平，勿使量筒振动，然后测读砂样体积，估读至 5mL。

(2) 量筒法

用手掌或橡皮板堵住量筒口，将量筒倒转，然后缓慢地转回原来位置，如此重复几次，记下体积的最大值，估读至 5mL。

(3) 取最大体积

从漏斗法和量筒法两种方法测得的体积值中取体积值较大的一个，为松散状态时试样的最大体积。

(4) 平行测定

进行两次平行测定，两次测定值其最大允许平行差值应为 ±0.03g/cm³，取两次测值的算术平均值为试验结果。

7.1.4　试验成果整理

(1) 最小干密度

应按下式计算，计算至 0.01g/cm³：

$$\rho_{dmin} = \frac{m_d}{V_{max}} \tag{7.1}$$

式中 ρ_{dmin}——最小干密度，g/cm^3；

V_{max}——松散状态时试样的最大体积，cm^2；

m_d——干土质量，g。

(2) 最大孔隙比

应按下式计算：

$$e_{max} = \frac{\rho_w G_s}{\rho_{dmin}} - 1 \tag{7.2}$$

式中 e_{max}——最大孔隙比；

ρ_w——纯水的密度，g/cm^3；

G_s——土粒的比重。

(3) 相对密度试验记录表

见表7.1。

表 7.1 相对密度试验记录表

任务单号				试验者				
试验日期				计算者				
试样编号				校核者				
相对密度仪编号				天平编号				
烘箱编号								
试验项目				最大孔隙比 e_{max}		最小孔隙比 e_{min}		备注
试验方法			漏斗法	量筒法	振打法		
试样加容器质量/g	(1)	—					
容器质量/g	(2)	—				—	
试样质量 m_d/g	(3)	(1)−(2)					
试样体积 V/cm³	(4)	—					
干密度 ρ_d/(g/cm³)	(5)	(3)/(4)					
平均干密度/(g/cm³)	(6)	—					
比重 G_s	(7)	—					
孔隙比 e	(8)	—					
天然干密度/(g/cm³)	(9)	—					
天然孔隙比 e_0	(10)	—					
相对密度 D_r	(11)	—					

探索思考题

请解释砂土的最小干密度和最大干密度的概念。

7.2 砂土的最大干密度试验

7.2.1 试验原理

砂土的最大干密度试验采用振动锤击法，即用振动叉敲打装样容器两侧，同时用击锤从适当的高度下落击实砂土，使其处于最紧密状态，测量其体积，计算最大干密度。

相对密度试验适用于能自由排水的砂砾土，粒径不应大于 5mm，其中粒径为 2～5mm 的土样质量不应大于土样总质量的 15%。

7.2.2 试验仪器设备

（1）金属容器：容积 250mL，内径 5cm，高 12.7cm；容积 1000mL，内径 10cm，高 12.75cm。

（2）振动叉：如图 7.4 所示。

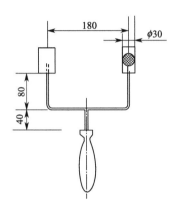

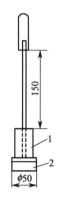

图 7.4　振动叉　　　　　　　　　　　图 7.5　击锤（单位：mm）

1—击锤；2—锤座

（3）击锤（图 7.5）：锤质量 1.25kg，落高 15cm，锤底直径 5cm。

（4）台秤：称量 5000g，分度值 1g。

7.2.3 试验操作步骤

★【思考】该试验中，为什么要用烘干或充分风干试样？与击实试验中测量最大干密度时，试样所处含水状态是否相同？

(1) 制备试样

取代表性的烘干或充分风干试样约 4kg，用手搓揉或用圆木棍在橡皮板上碾散，并应拌和均匀。

(2) 振击与锤击

分三次倒入容器进行振击。先取代表性试样 600～800g（其数量应使振击后的体积略大于容器容积的 1/3）倒入 1000mL 容器内，用振动叉以每分钟各 150～200 次的速度敲打容器两侧，并在同一时间内，用击锤于试样表面每分钟锤击 30～60 次，直至砂样体积不变为止，一般击 5～10min。敲打时要用足够的力量使试样处于振动状态；锤击时，粗砂可用较少击数，细砂应用较多击数。

(3) 安装套环

进行两次的装样、振动和锤击后，第 3 次装样时先在容器口上安装套环。

(4) 刮去余样并称量

最后 1 次振毕，取下套环，用修土刀齐容器顶面刮去多余试样，称容器内试样质量，准确至 1g，并记录试样体积，计算其最小孔隙比。

(5) 平行样测定

进行两次平行测定，两次测定值其最大允许平行差值应为 $\pm 0.03 \text{g/cm}^3$，取两次测值的算术平均值为试验结果。

7.2.4 试验成果整理

(1) 最大干密度

应按下式计算，计算至 0.01g/cm^3：

$$\rho_{dmax} = \frac{m_d}{V_{min}} \tag{7.3}$$

式中　ρ_{dmax}——最大干密度，g/cm^3；

　　　V_{min}——紧密状态时试样的最小体积，cm^3。

(2) 最小孔隙比

应按下式计算：

$$e_{min} = \frac{\rho_w G_s}{\rho_{dmax}} - 1 \tag{7.4}$$

式中　e_{min}——最小孔隙比。

(3) 相对密度

应按下列公式计算：

$$D_r = \frac{e_{max} - e_0}{e_{max} - e_{min}} \tag{7.5}$$

$$D_r = \frac{(\rho_d - \rho_{dmin})\rho_{dmax}}{(\rho_{dmax} - \rho_{dmin})\rho_d} \tag{7.6}$$

式中　D_r——相对密度，计算至 0.01；

　　　e_0——天然孔隙比或填土的相应孔隙比。

(4) 相对密度试验记录表

见表 7.1。

探索思考题

怎样判断砂土试样的相对密度？

8

击实试验

击实试验是利用标准化的锤击试验装置获得土的含水率与干密度之间的关系曲线，从而确定土的最大干密度和最优含水率的一种试验方法。

📖 工程案例

某项目在高速铁路路基基床以下路堤 DK2＋000～DK2＋100 第一层 A、B 组填料填筑过程中，碾压完成后对路基压实度进行试验，要求压实度≥0.92。室内土工试验结果表明，土的湿密度 $\rho = 1.82\text{g/cm}^3$，土的含水率 $w = 24.3\%$。

$$\rho_d = \frac{\rho}{1 + 0.01w} \tag{3.4}$$

式中　ρ_d——试样的干密度，g/cm^3；

　　　ρ——试样的湿密度，g/cm^3；

　　　w——含水率，％。

$$k = \frac{\rho_d}{\rho_{d\max}} \tag{8.1}$$

式中　k——试样的压实度，％；

　　　$\rho_{d\max}$——试样的最大干密度，g/cm^3。

假设你的试样为该检测试样，请根据你的击实试验所得最大干密度计算压实度，并判断是否满足路基的压实度要求？

📖 试验目的

击实试验的目的就是模拟施工现场的压实条件，测定试验土在一定击实次数下的最大干密度和相应的最优含水率，为在一定的施工条件下控制填土达到设计所要求压密度提高压实标准。在施工中，经常需要测量土的压实度，用以控制现场施工质量，所以击实试验是施工现场重要的试验项目。

📖 试验方法

击实试验可分为两个试验环节，即试样制备和试样击实。

(1) 试样制备（图 8.1）

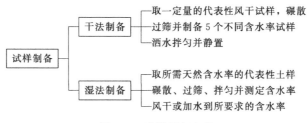

图 8.1 试样制备流程

(2) 试样击实（图 8.2）

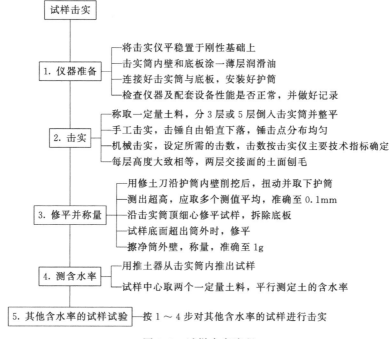

图 8.2 试样击实流程

适用范围

本试验适用于粒径应小于 20mm 的土样。

试验要求

（1）在击实完成后，超出击实筒顶的试样高度应小于 6mm。

（2）本试验一般不重复使用土样。

（3）两次平行试验最大干密度的差值应不超过 0.05g/cm³。

注意事项（试验要点）

（1）土样制备方法不同，所得击实试验成果也不同。最大干密度以烘干土最大，风干土次之，天然土最小。这种现象在黏土中表现最明显，黏粒含量越大，烘干对黏土中胶质性质影响越大，最大干密度影响也越大，故黏土一般不宜用烘干土备样。击实试验中采用天然土或风干土试样更合理。

（2）所谓击实关系曲线是指在某一个标准的单位击实功能（能量）下，土的干密度与含水率的关系曲线。如果余土高度等于零（理想状况），击实曲线就是一条标准功能的等功能曲线。否则，就不是一条等功能曲线。为了保证试验准确度，余土高度不得超过 6mm，否则试验无效。

（3）试样制备中，洒水后的土样，须经过充分的浸润后再进行试验，使水分均匀分布土中。

（4）击实一层后，应用刮土刀把护筒内土样表面刨毛，使层与层之间压密。

（5）击实完成后，应先用修土刀沿护筒内壁削挖后扭动护筒，否则有可能发生击实土柱被剪断的现象。

（6）重复用土对最大干密度影响较大，其原因在于土中的部分颗粒，由于反复击实而破碎，改变了土的级配，同时试样被击实后要恢复到原来松散状态比较困难。因此，一般不重复使用土样。

8.1 试验原理

土在一定的压实效应下，如果含水率不同，则所得的密度也不相同。含水率较小时，土粒由薄膜水包围，有较大的剪切阻力，击实时干密度低；当含水率增加，薄膜变厚，剪切阻力变小，干密度可达到最大；增加到某一含水率，增加的自由水和封闭的气体充满土孔隙，因而干密度反随含水率增大而减小。

8.2 试验仪器设备

本试验所用的主要仪器设备应符合下列规定。

① 击实仪：应符合现行国家标准《土工试验仪器 击实仪》（GB/T 22541）的规定。由击实筒（图 8.3）、击锤和护筒（图 8.4）组成，其尺寸应符合规定。

② 击实仪（图 8.5）：击实仪的击锤应配导筒，击锤与导筒间应有足够的间隙使锤能自由下落。电动操作的击锤必须有控制落距的跟踪装置和锤击点按一定角度均匀分布的装置。

③ 天平：称量 200g，分度值 0.01g。

④ 台秤：称量 10kg，分度值 1g。

⑤ 标准筛：孔径为 20mm、5mm。

⑥ 试样推出器：宜用螺旋式千斤顶或液压式千斤顶，如无此类装置，也可用刮刀和修土刀从击实筒中取出试样。

⑦ 其他：烘箱、喷水设备、碾土设备、盛土器、修土刀和保湿设备。

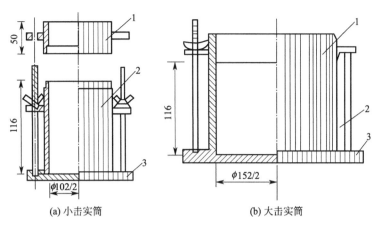

(a) 小击实筒   (b) 大击实筒

图 8.3 击实筒（单位：mm）

1—护筒；2—击实筒；3—底板

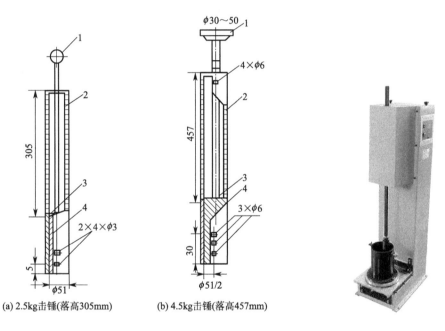

(a) 2.5kg击锤(落高305mm)   (b) 4.5kg击锤(落高457mm)

图 8.4 击锤与护筒（单位：mm）   图 8.5 击实仪

1—提手；2—导筒；3—硬橡皮垫；4—击锤

8.3 试验操作步骤

★ 【思考】为什么击实时击实筒内壁和底板涂一层薄层润滑油？若未涂，对试验结果有何影响？

试样制备可分为干法制备和湿法制备两种方法。

(1) 干法制备

应按下列步骤进行：

① 取代表性试样并碾散。用四点分法取一定量的代表性风干试样，其中小筒所需土样约为20kg，大筒所需土样约为50kg，放在橡皮板上用木碾碾散，也可用碾土器碾散。

② 过筛并制备不同含水率试样。轻型按要求过5mm或20mm筛，重型过20mm筛，将筛下土样拌匀，并测定土样的风干含水率；根据土的塑限预估的最优含水率，按扰动土试样预备步骤制备不少于5个不同含水率的一组试样，相邻2个试样含水率的差值宜为2%。

③ 洒水拌匀并静置。将一定土样平铺于不吸水的盛土盘内，其中小型击实筒所需击实土样约为2.5kg，大型击实筒所取土样约为5.0kg，按预定含水率用喷水设备往土样上均匀喷洒所需加水量，拌匀并装入塑料袋内或密封于盛土器内静置备用。静置时间分别为：高液限黏土不得少于24h，低液限黏土可酌情缩短，但不应少于12h。

(2) 湿法制备

应取天然含水率的代表性土样，其中小型击实筒所需土样约为20kg，大型击实筒所需土样约为50kg。碾散，按要求过筛，将筛下土样拌匀，并测定试样的含水率。分别风干或加水到所要求的含水率，应使制备好的试样水分均匀分布。

试样击实应按下列步骤进行：

① 仪器准备。将击实仪平稳置于刚性基础上，击实筒内壁和底板涂一层薄层润滑油，连接好击实筒与底板，安装好护筒。检查仪器各部件及配套设备的性能是否正常，并做好记录。

② 击实。从制备好的一份试样中称取一定量土料，分3层或5层倒入击实筒内并将土面整平，分层击实。手工击实时，应保证使击锤自由铅直下落，锤击点必须均匀分布于土面上；机械击实时，可将定数器拨到所需的击数处，击数可按表8.1确定，按动电钮进行击实。击实后的每层试样高度应大致相等，两层交接面的土面应刨毛。击实完成后，超出击实筒顶的试样高度应小于6mm。

表8.1　击实仪主要技术指标

试验方法	锤底直径/mm	锤质量/kg	落高/mm	层数	每层击数	击实筒			护筒高度/mm	备注
						内径/mm	筒高/mm	容积/cm³		
轻型	51	2.5	305	3	25	102	116	947.4	≥50	
				3	56	152	116	2103.9	≥50	
重型		4.5	457	3	42	102	116	947.4	≥50	
				3	94	152	116	2103.9		
				5	56					

③ 修平并称量。用修土刀沿护筒内壁削挖后，扭动并取下护筒，测出超高，取多个测值平均，准确至0.1mm。沿击实筒顶细心修平试样，拆除底板。试样底面超出筒外时，修平。擦净筒外壁，称量，准确至1g。

④ 测含水率。用推土器从击实筒内推出试样，从试样中心处取2个一定量的土料，含细粒土15～30g，含粗粒土50～100g。平行测定土的含水率，称量准确至0.01g，两个含水率的最大允许差值应为±1%。

⑤ 其他含水率的试样试验。按①～④的规定对其他含水率的试样进行击实。一般不重复使用土样。

(1) 击实后各试样的含水率

应按下式计算：

$$w = \left(\frac{m_0}{m_d} - 1 \right) \times 100 \tag{8.2}$$

(2) 击实后各试样的干密度

应按下式计算，计算至 0.01g/cm^3：

$$\rho_d = \frac{\rho}{1 + 0.01w} \tag{8.3}$$

(3) 土的饱和含水率

应按下式计算：

$$w_{sat} = \left(\frac{\rho_w}{\rho_d} - \frac{1}{G_s} \right) \times 100 \tag{8.4}$$

式中　w_{sat}——饱和含水率，%；

ρ_w——水的密度，g/cm^3。

(4) 绘制干密度与含水率的关系曲线

以干密度为纵坐标，含水率为横坐标，绘制干密度与含水率的关系曲线。曲线上峰值点的纵、横坐标分别代表土的最大干密度和最优含水率。曲线不能给出峰值点时，应进行补点试验。

(5) 在图上绘制饱和曲线

数个干密度下土的饱和含水率按式(8.1)计算。以干密度为纵坐标，含水率为横坐标，在图上绘制饱和曲线。

(6) 击实试验记录表

见表 8.2。

表 8.2　击实试验记录表

任务单号		试验者	
试验日期		计算者	
击实仪编号		校核者	
台秤编号		天平编号	
击实筒体积/cm³		烘箱编号	
落距/mm		击锤质量/kg	
每层击数		击实方法	

试样编号	试验序号	干 密 度					含 水 率					超高/mm
		筒加土质量/g	筒质量/g	湿土质量m_0/g	湿密度ρ/(g/cm³)	干密度ρ_d/(g/cm³)	盒号	湿土质量m_0/g	干土质量m_d/g	含水率w/%	平均含水率$\overline{w}$/%	
		最大干密度 ρ_{dmax}/(g/cm³)					最优含水率 w_{op}/%					

探索思考题

(1) 什么是最优含水率和最大干密度？测定最优含水率的意义是什么？

(2) 请解释为什么绘制击实曲线时需附带绘制饱和曲线。

(3) 请解释影响黏性土最优含水率的因素有哪些。

渗透试验

渗透是指水在土体孔隙中流动的现象；渗透系数是表达这一现象的定量指标，由于影响渗透系数的因素十分复杂，目前室内和现场用各种方法所测定的渗透系数，仍然是个比较粗略的数值。土的渗流是由于土体本身具有连续的孔隙，如果存在水位差的作用，水就会透过土体孔隙而发生孔隙内的流动。

📖 **工程案例**

对于有些新修建的马路，用不了多久就会发生地面的塌陷。图 9.1 是一张典型的雨天公路路面塌陷的现场照片。从图中可以看出，该路面周边的树木随着路面的塌陷连根拔起。可想而知，如果这周边有建筑物的话，路面塌陷必然也会影响建筑物的稳定性。

图 9.1　雨天公路路面塌陷的现场照片

地下水往往是导致路面塌陷的重要影响因素：①对于基础埋置深度的影响，通常基础的埋置深度要小于地下水位深度，当寒冷地区基础底面持力层为粉砂或者黏性土，若地下水位埋藏低于 1.5～2m 时，冬季可能因为毛细水上升，顶起基础，导致墙体开裂；②对于施工排水影响，当地下水位埋藏浅的时候，基础埋深大于地下水位深度，当基槽开挖于基础施工，必须进行排水。那么从以上分析可知，我们在工程实践中需要了解和掌握土的渗透特性。

★ **【思考】** ① 不同的土层它们的渗透系数是一样的吗？有什么规律吗？

② 在工程实践中，测定土的渗透系数有哪些重要的意义？

渗透试验主要是测定土体的渗透系数，渗透系数的定义是单位水力坡降的渗透流速，常以 cm/s 作为单位。

📖 试验方法

渗透试验根据土颗粒的大小可以分为常水头渗透试验和变水头渗透试验，常水头渗透试验用来测定渗透系数 k 比较大的无黏性土（砂土）的渗透系数；变水头试验用来测定渗透系数 k 较小的黏土和粉土的渗透系数。

(1) 常水头渗透试验方法（图 9.2）

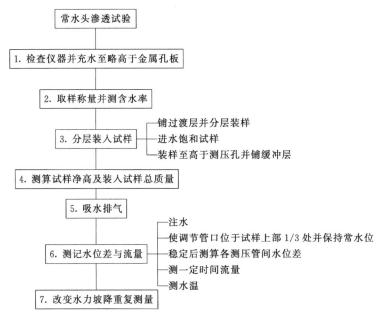

图 9.2　常水头渗透试验流程

(2) 变水头渗透试验方法（图 9.3）

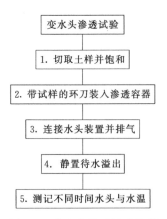

图 9.3　变水头渗透试验流程

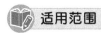 **适用范围**

通过试验装置测出试样的渗流量、不同点的水头高度，从而计算出渗流速度和水力梯度，根据达西渗流定律计算出渗透系数。不同类土有不同的渗透系数，自砾石的渗透系数大于 10^{-1} cm/s 到黏土的渗透系数小于 10^{-7} cm/s，土的渗透系数变化范围很大。实验室内常用两种不同的试验装置进行试验：常水头渗透试验用来测定渗透系数 k 比较大的粗粒土的渗透系数；变水头渗透试验用来测定渗透系数 k 较小的细粒土的渗透系数。

 **试验要求**

(1) 试验用水宜采用实际作用于土中的天然水。有困难时，可用纯水或经过滤的清水。在试验前必须用抽气法或煮沸法进行脱气。试验时的水温宜高于室温 3~4℃。

(2) 渗透系数的最大允许差值应为 $\pm 2.0 \times 10^{-n}$[❶]cm/s，在测得的结果中取 3~4 个在允许差值范围内的数据，求得其平均值，作为试样在该孔隙比 e 时的渗透系数。

(3) 本试验应以水温 20℃ 为标准温度，计算标准温度下的渗透系数。

(4) 变水头法试验过程中，若发现水流过快或出水口有混浊现象，应立即检查容器有无漏水或试样中是否出现集中渗流，若有，应重新制样试验。

(5) 土的渗透性是水流通过土孔隙的能力，显然，土的孔隙大小，决定着渗透系数的大小，因此测定渗透系数时，必须说明与渗透系数相适应的土的密实状态。

注意事项

(1) 常水头渗透试验注意事项

① 试样在未饱和与饱和两种状态下的透水性有差异，在试验前应先驱除试样内气泡，使其达到饱和状态。

② 试验用水应采用实际作用于土中的天然水。如有困难，允许用纯水或经过过滤的清水。在试验前必须用抽气法或者煮沸法进行脱气（包括天然水）。试验时的水温宜高于室温 3~4℃。

③ 常水头渗透试验时，如试样含黏粒较多，应在金属孔板上加铺 2cm 左右的粗砂过滤层，防止细砂流失，并量出过滤层厚度。

④ 水的动力黏滞系数随温度而变化，土的渗透系数与水的动力黏滞系数成反比，因此在任意温度下测定的渗透系数应换算到标准温度下的渗透系数 k_{20}。

⑤ 土的渗透性是水流通过土孔隙的能力，显然，土的孔隙大小，决定着渗透系数的大小，因此测定渗透系数时，必须说明与渗透系数相适应的土的密实状态。

(2) 变水头渗透试验注意事项

① 试样在未饱和与饱和两种状态下的透水性有差异，在试验前应先驱除试样内气泡，使其达到饱和状态。

---

❶ 在连续测定 6 次以后，将测试结果表达为 $k = A \times 10^{-n}$ cm/s 形式，取同次方的 A 值最大与最小的差值不大于 2.0 的 3~4 个结果，取其平均值作为该试样某一孔隙比下的平均渗透系数。

② 试验用水应采用实际作用于土中的天然水。如有困难，允许用纯水或经过过滤的清水。在试验前必须用抽气法或者煮沸法进行脱气（包括天然水）。试验时的水温宜高于室温3～4℃。

③ 变水头试验时，水力坡度不宜过大。

9.1 常水头渗透试验

9.1.1 试验原理

通过试验测出渗流量、不同点的水头高度，从而计算出渗流速度和水力梯度，根据达西渗流定律计算出渗透系数。

9.1.2 试验仪器设备

① 70 型渗透仪（图 9.4）：由金属封底圆筒、金属孔板、滤网、测压管和供水源组成，金属圆筒内径为 9～10cm，高 40cm。

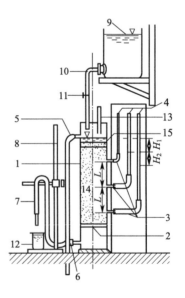

图 9.4 常水头渗透仪

1—封底金属圆筒；2—金属孔板；3—测压孔；4—测压管；5—溢水孔；6—渗水孔；7—调节管；
8—滑动架；9—供水瓶；10—供水管；11—止水夹；12—量杯；13—温度计；14—试样；15—砾石层

② 天平：称量 5000g，分度值 1.0g；称量 500g，分度值 0.1g。

③ 温度计：分度值 0.5℃。

④ 量筒：容积 200～500mL。

⑤ 附属设备：木锤、秒表、温度计、供水瓶、管夹、支架等。

9.1.3　试验操作步骤

★ **【思考】** 在试验中为什么要对试样进行饱和处理？吸水排气的作用又是什么呢？

(1) 检查仪器并充水至略高于金属孔板

应先装好仪器，并检查各管路接头处是否漏水。将调节管与供水管连通，由仪器底部充水至水位略高于金属孔板，关止水夹。

(2) 取样称量并测含水率

取具有代表性的风干试样 3～4kg，称量准确至 1.0g，并测定试样的风干含水率。

(3) 分层装入试样

① 铺过渡层并分层装样。将试样分层装入圆筒，每层厚 2～3cm，用木锤轻轻击实到一定的厚度，以控制其孔隙比。试样含黏粒较多时，应在金属孔板上加铺厚约 2cm 的粗砂过渡层，防止试验时细粒流失，并量出过渡层厚度。

② 进水饱和试样。每层试样装好后，连接供水管和调节管，并由调节管中进水，微开止水夹，使试样逐渐饱和。当水面与试样顶面齐平时，关止水夹。饱和时水流不应过急，以免冲动试样。

③ 装样至高于测压孔并铺缓冲层。继续逐层装试样，至试样高出上测压孔 3～4cm 为止。在试样上端铺厚约 2cm 砾石作缓冲层。待最后一层试样饱和后，继续使水位缓缓上升至溢水孔。当有水溢出时，关止水夹。

(4) 测算试样净高及装入试样总质量

试样装好后量测试样顶部至仪器上口的剩余高度，计算试样净高。称剩余试样质量，准确至 1.0g，计算装入试样总质量。

(5) 吸水排气

静置数分钟后，检查各测压管水位是否与溢水孔齐平。不齐平时，说明试样中或测压管接头处有集气阻隔，用吸水球进行吸水排气处理。

(6) 测记水位差与流量

① 注水。提高调节管，使其高于溢水孔，然后将调节管与供水管分开，并将供水管置于金属圆筒内。开止水夹，使水由上部注入金属圆筒内。

② 使调节管口位于试样上部 1/3 处并保持常水位。降低调节管口，使其位于试样上部 1/3 高度处，造成水位差使水渗入试样，经调节管流出。在渗透过程中应调节供水管夹，使供水管流量略多于溢出水量。溢水孔应始终有余水溢出，以保持常水位。

③ 稳定后测算各测压管间水位差。测压管水位稳定后，记录测压管水位，计算各测压管间的水位差。

④ 测一定时间流量。开动秒表，同时用量筒接取经一定时间的渗透水量，并重复 1 次。接取渗透水量时，调节管口不得浸入水中。

⑤ 测水温。测记进水与出水处的水温，取平均值。

(7) 改变水力坡降重复测量

降低调节管管口至试样中部及下部 1/3 处，以改变水力坡降，按（6）重复进行测定。

注意：根据需要，可装数个不同孔隙比的试样，进行渗透系数的测定。

9.1.4　试验成果整理

(1) 常水头渗透试验渗透系数

应按下列公式计算：

$$k_T = \frac{2QL}{At(H_1+H_2)} \tag{9.1}$$

$$k_{20} = k_T \frac{\eta_T}{\eta_{20}} \tag{9.2}$$

式中　k_T——水温 T℃时试样的渗透系数，cm/s；

Q——时间 t 秒内的渗透水量，cm³；

L——渗径，cm，等于两测压孔中心间的试样高度；

A——试样的断面积，cm²；

t——时间，s；

H_1、H_2——水位差，cm；

k_{20}——标准温度（20℃）时试样的渗透系数，cm/s；

η_T——T℃时水的动力黏滞系数，$1×10^{-6}$ kPa·s；

η_{20}——20℃时水的动力黏滞系数，$1×10^{-6}$ kPa·s。

比值 η_T/η_{20} 与温度的关系应按本书 5.2 节表 5.4 执行。

(2) 绘制 e-k 关系曲线图

当进行不同孔隙比下的渗透试验时，可在半对数坐标上绘制以孔隙比为纵坐标，渗透系数为横坐标的 e-k 关系曲线图。

(3) 常水头渗透试验记录

格式见表 9.1。

探索思考题

（1）土体中渗透破坏的外在表现会有哪些特征呢？

（2）同一层土体中，竖向渗透系数和水平向渗透系数是一样的吗？

表 9.1　常水头渗透试验记录表

任务单号		试样高度/cm		试验者			
试样编号		试样面积 A/cm^2		计算者			
仪器名称及编号		试样说明		校核者			
测压孔间距/cm				试验日期			

试验次数	经过时间 t/s	测压管水位/cm			水位差/cm			水力坡降 J	渗透水量 Q/cm^3	渗透系数 k_T/(cm/s)	平均水温 T/℃	校正系数 $\dfrac{\eta_T}{\eta_{20}}$	水温 20℃渗透系数 k_{20}/(cm/s)	平均渗透系数 $\overline{k_{20}}$/(cm/s)	备注
		I 管	II 管	III 管	H_1	H_2	平均 H								
	(1)	(2)	(3)	(4)	(5)	(6)	(7)	(8)	(9)	(10)	(11)	(12)	(13)	(14)	
	—	—	—	—	(2)−(3)	(3)−(4)	$\dfrac{(5)+(6)}{2}$	$\dfrac{(7)}{L}$	—	$\dfrac{(9)}{A\times(8)\times(1)}$	—	—	(10)×(12)	$\dfrac{\sum(13)}{n}$	

9.2 变水头渗透试验

9.2.1 试验原理

细粒土由于渗透系数很小、渗流流过土样的总水量很小，不易准确测定，或者测定总水量的时间需要很长，受蒸发和温度变化影响的试验误差会逐渐变大，必须采用变水头试验。所谓变水头试验就是在整个试验过程中，水头差随时间而变化的方法。试验过程中，某任一时间 t 作用于土样的水头为 h，经过 dt 时间间隔以后，刻度管（截面积为 a）的水位降落 dh，则从时间 t 至 $t+dt$ 时间间隔内流经土样的水量 dQ：

$$dQ = -a\,dh$$

式中，负号表示水量 Q 随水头 h 的降低而增加。

9.2.2 试验仪器设备

变水头渗透试验仪器见图 9.5。

① 渗透容器：由环刀、透水板、套筒及上、下盖组成；

② 水头装置：变水头管的内径，根据试样渗透系数选择不同尺寸，且不宜大于 1cm，长度为 1.0m 以上，分度值为 1.0mm；

③ 其他：切土器、秒表、温度计、削土刀、凡士林。

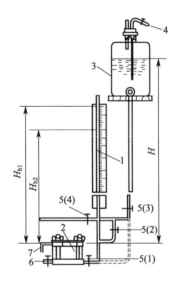

图 9.5　变水头渗透装置

1—变水头管；2—渗透容器；3—供水瓶；4—接水源管；

5—进水管夹；6—排气管；7—出水管

9.2.3　试验操作步骤

★【思考】为什么不能用削土刀反复涂抹试样表面？未将渗透容器底部的空气全部排出对试验有何影响？

(1) 切取土样并饱和

用环刀在垂直或平行土样层面切取原状试样或扰动土制备成给定密度的试样，进行充分饱和。切土时，应尽量避免结构扰动，不得用削土刀反复涂抹试样表面。

(2) 带试样的环刀装入渗透容器

将容器套筒内壁涂一薄层凡士林，将盛有试样的环刀推入套筒，压入止水垫圈。把挤出的多余凡士林小心刮净。装好带有透水板的上、下盖，并用螺丝拧紧，不得漏气漏水。

(3) 连接水头装置并排气

把装好试样的渗透容器与水头装置连通。利用供水瓶中的水充满进水管，水头高度根据试样结构的疏松程度确定，不应大于 2m，待水头稳定后注入渗透容器。开排气阀，将容器侧立，排除渗透容器底部的空气，直至溢出水中无气泡。关排气阀，放平渗透容器。

(4) 静置待水溢出

在一定水头作用下静置一段时间，待出水管口有水溢出时，再开始进行试验测定。

(5) 测记不同时间水头与水温

将水头管充水至需要高度后，关止水夹 5 (2)，开时测记变水头管中起始水头高度和起始时间，按预定时间间隔测记水头和时间的变化，并测记出水口的水温。如此连续测记 2～3 次后，再使水头管水位回升至需要高度，再连续测记数次，重复试验 5～6 次以上。

9.2.4　试验成果整理

(1) 渗透系数的计算

$$k_r = 2.3 \frac{aL}{At} \lg \frac{H_{b1}}{H_{b2}} \qquad (9.3)$$

$$k_{20} = k_r \frac{\eta_T}{\eta_{20}} \qquad (9.4)$$

式中　a——变水头管截面积，cm^2；

　　　L——渗径，cm，等于试样高度；

　　　H_{b1}——开始时水头，cm；

　　　H_{b2}——终止时水头，cm。

(2) 变水头渗透试验的记录

格式见表 9.2。

表 9.2　变水头渗透试验记录表

任务单号		试样说明		试样面积 /cm²		试验者	
试样编号		测压管断面积 a/cm²		孔隙比 e		计算者	
仪器名称及编号		试样高度/cm		试验日期		校核者	

开始时间 t_1 (d h min)	终了时间 t_2 (d h min)	经过时间 t /s	开始水头 H_{b1} /cm	终止水头 H_{b2} /cm	$2.3\dfrac{a}{A}\dfrac{L}{t}$	$\lg\dfrac{H_{b1}}{H_{b2}}$	水温 T℃时的渗透系数 k_T /(cm/s)	水温 T /℃	校正系数 $\dfrac{\eta_T}{\eta_{20}}$	渗透系数 k_{20} /(cm/s)	平均渗透系数 $\bar{k}_{20}$ /(cm/s)
(1)	(2)	(3)	(4)	(5)	(6)	(7)	(8)	(9)	(10)	(11)	(12)
—	—	(2)−(1)	—	—	$2.3\dfrac{a}{A}\dfrac{L}{(3)}$	$\lg\dfrac{(4)}{(5)}$	(6)×(7)	—	—	(8)×(10)	$\dfrac{\Sigma(11)}{n}$

探索思考题

(1) 试样在未饱和与饱和两种状态下的透水性有什么差异？

(2) 测定土的渗透系数可以用于哪些工程项目？试举例说明。

10

固结试验

土体在外荷载作用下，随着土中水和空气逐渐排出，土体积发生压缩，一般认为土的压缩主要是由于孔隙体积减小而引起的。随着孔隙水的排出，外荷载从孔隙水（气）转移到土骨架上，土的压缩变形随时间不断增长而渐趋稳定，这一变形过程称为固结。

📖 工程案例

有一矩形基础放置在均质黏土层上，如图 10.1 所示。基础长度 $L=10\text{m}$，宽度 $B=5\text{m}$，埋置深度 $D=1.5\text{m}$，其上作用着中心荷载 $P=10000\text{kN}$。地基土的容重为 20kN/m^3，饱和容重 21kN/m^3，土的压缩曲线如图 10.2 所示。

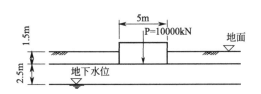

图 10.1　基础尺寸示意

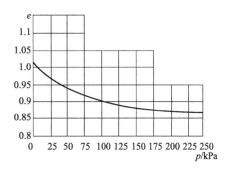

图 10.2　黏土层的 $e\text{-}p$ 曲线

《建筑地基基础设计规范》（GB 50007—2011）用 $p_1=100\text{kPa}$、$p_2=200\text{kPa}$ 对应的压缩系数 a_{1-2} 评价土的压缩性。

$$a_{1-2}=\frac{e_1-e_2}{p_2-p_1}$$

当 $a_{1-2}<0.1\text{MPa}^{-1}$ 时，为低压缩性土；$0.1\text{MPa}^{-1}\leqslant a_{1-2}<0.5\text{MPa}^{-1}$ 时，为中压缩性土；$a_{1-2}\geqslant 0.5\text{MPa}^{-1}$ 时，为高压缩性土。

压缩模量 E_s 是指土在完全侧限条件下竖向应力与相应的应变增量的比值。

$$E_{s,1-2}=\frac{1+e_1}{a_{1-2}}$$

当 $E_{s,1-2}\geqslant 15\text{MPa}$ 时，为低压缩性土；$4\text{MPa}\leqslant E_{s,1-2}<15\text{MPa}$ 时，为中压缩性土；$E_{s,1-2}<4\text{MPa}$ 时，为高压缩性土。

① 根据 a_{1-2} 和 $E_{s,1-2}$ 判断该黏土的压缩性。

分层总和法是地基沉降量计算中最常见的方法，即将该地基划分为若干层，地基最终沉降量等于各分层沉降量之和。将该地基划分为 7 个分层，其中第 1 分层为基础下 1m 厚的黏土层分层，本案例仅对第 1 分层进行压缩变形量计算。

基底压力 p_k 和基底附加压力 p_0 分别为：

$$p_k = \frac{F_k + G_k}{A} = \frac{10000 + 20 \times 1.5 \times 5 \times 10}{5 \times 10} = 230 \text{kPa}$$

$$p_0 = p_k - \sigma_{cd} = 230 - 20 \times 1.5 = 200 \text{kPa}$$

第 1 层自重应力平均值 p_1 和附加应力平均值 Δp 分别为 40kPa 和 197.6kPa，则自重应力与附加应力之和的平均值 p_2 为 237.6kPa。通过查黏土层的 $e-p$ 曲线图 9.2 得对应的 e_1 和 e_2 分别为 0.945 和 0.870。

$$\Delta s = \frac{e_1 - e_2}{1 + e_1} h$$

② 根据计算该地基第 1 分层黏土的压缩变形量是多少？

📖 **试验目的**

测定试样在侧限与轴向排水条件下的压缩变形 Δh 和荷载 P 或孔隙比和压力的关系，以便计算土的压缩系数 a_v、压缩指数 C_c、回弹指数 C_s、压缩模量 E_s、固结系数 C_v 及原状土的先期固结压力 p_c 等，用以判断土的压缩性和计算土工建筑物与地基的沉降。

📖 **试验方法**

固结试验可分为标准固结试验和快速固结试验。

（1）标准固结试验 (图 10.3)

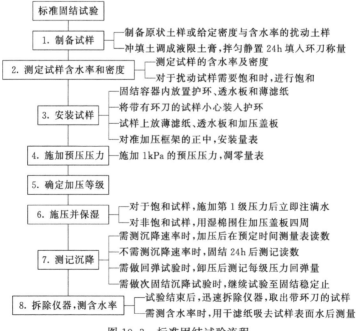

图 10.3　标准固结试验流程

（2）快速固结试验 (图 10.4)

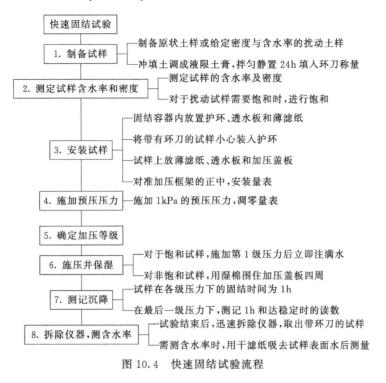

图 10.4　快速固结试验流程

适用范围

土样应为饱和的细粒土。当只进行压缩试验时，可用于非饱和土。渗透性较大的细粒土，可进行快速固结试验。

试验要求

变形测量设备要求百分表量程 10mm，分度值为 0.01 mm，或最大允许误差应为 ±0.2%F.S 的位移传感器。

注意事项（试验要点）

（1）标准固结试验

① 对原状试样的固结试验，在切削试样时若对土的扰动程度较大，则影响试验成果。因此，在切削试样时，应尽可能避免破坏土样的结构。操作中，不得直接将环刀压入土样，应用钢丝锯（或薄口锐刀）按略大于环刀的尺寸沿土样外缘切削，待土样的直径接近环刀的内径时，再轻轻地压下环刀，边削边压。

② 不允许在削去环刀两端余土时用刀来回涂抹土面，这样易致孔隙堵塞，最好用钢丝锯慢慢地一次性割去多余的土样。

（2）快速固结试验

① 对 2cm 厚的一般黏质土试样，在荷重作用下，1h 的固结度一般可达 90%（以 24h 的

固结度为100%计）。因此，测记1h的量表读数和试样达压缩稳定时的量表读数，并用其对各级压力下试样的变形量进行修正，以求得压缩指标。

② 不要振碰压缩台及周围地面，加载或卸载时均轻放砝码。

10.1 标准固结试验

10.1.1 试验原理

标准固结试验采用杠杆加压方式对放在金属容器内的试样在无侧胀（或无侧向变形）的条件下施加压力，测量在不同压力作用下的压缩变形量，绘制土的压缩曲线（即 $e\text{-}p$ 曲线或 $e\text{-}\lg p$ 曲线），计算土的压缩系数、压缩模量、压缩指数、回弹指数、前期固结压力和固结系数等有关压缩性指标。该方法适用于饱和的细粒土，当只进行压缩试验时可用于非饱和土。

10.1.2 试验仪器设备

① 固结容器（图10.5）：由环刀、护环、透水板、加压上盖和量表架等组成。环刀、透水板的技术性能和尺寸参数应符合现行国家标准《岩土工程仪器基本参数及通用技术条件》（GB/T 15406—2007）切土环刀及相关标准的规定。

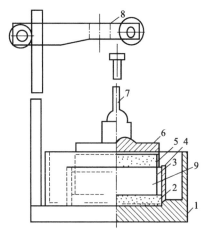

图 10.5　固结容器示意

1—水槽；2—护环；3—环刀；4—导环；5—透水板；6—加压上盖；
7—位移计导杆；8—位移计架；9—试样

② 加压设备：可采用量程为5~10kN的杠杆式、磅秤式或其他加压设备，其最大允许误差应符合现行国家标准《土工试验仪器 固结仪 第1部分：单杠杆固结仪》（GB/T 4935.1）、《土工试验仪器 固结仪 第2部分：气压式固结仪》（GB/T 4935.2）的有关规定。杠杆式固结仪见图10.6。

③ 变形测量设备：百分表量程 10mm，分度值为 0.01mm，或最大允许误差应为 ± 0.2%F.S 的位移传感器。

④ 其他：刮土刀、钢丝锯、天平、秒表。

图 10.6　杠杆式固结仪

10.1.3　试验操作步骤

★【思考】该试验的试验时间很长，若未对试样保湿，对试验结果有何影响？

（1）制备试样

① 根据工程需要，切取原状土试样或制备给定密度与含水率的扰动土试样。制备方法按扰动土试样预备程序、扰动土试样制备方法制备。

② 冲填土应先将土样调成液限或 1.2～1.3 倍液限的土膏，拌和均匀，在保湿器内静置 24h。然后把环刀倒置于小玻璃板上用调土刀把土膏填入环刀，排除气泡，刮平，称量。

（2）测定试样含水率和密度

测定试样的含水率及密度。对于扰动试样需要饱和时，将试样进行饱和。

（3）安装试样

在固结容器内放置护环、透水板和薄滤纸，将带有环刀的试样小心装入护环，然后在试样上放薄滤纸、透水板和加压盖板，置于加压框架下，对准加压框架的正中，安装量表。

（4）施加预压压力

为保证试样与仪器上下各部件之间接触良好，施加 1kPa 的预压压力，然后调整量表，使读数为零。

（5）确定加压等级

① 确定需要施加的各级压力。加压等级宜为 12.5kPa、25kPa、50kPa、100kPa、200kPa、400kPa、800kPa、1600kPa、3200kPa。最后一级的压力应大于上覆土层的计算压力 100～200kPa。

② 需要确定原状土的先期固结压力时，加压率宜小于1，可采用0.5或0.25。最后一级

压力应使 $e\text{-}\lg p$ 曲线下段出现较长的直线段。

③ 第 1 级压力的大小视土的软硬程度宜采用 12.5kPa、25.0kPa 或 50.0kPa（第 1 级实加压力应减去预压压力）。只需测定压缩系数时，最大压力不小于 400kPa。

（6） 施压并保湿

施加压力。对于饱和试样，在施加第 1 级压力后，立即向水槽中注水至满。对非饱和试样，须用湿棉围住加压盖板四周，避免水分蒸发。

（7） 测记沉降

① 需测定沉降速率时，加压后宜按下列时间顺序测记量表读数：6s、15s、1min、2min＋15s、4min、6min＋15s、9min、12min＋15s、16min、20min＋15s、25min、30min＋15s、36min、42min＋15s、49min、64min、100min、200min、400min、23h 和 24h 至稳定为止。

② 当不需要测定沉降速率时，稳定标准规定为每级压力下固结 24h 或试样变形每小时变化不大于 0.01mm。测记稳定读数后，再施加第 2 级压力。依次逐级加压至试验结束。

③ 需要做回弹试验时，可在某级压力（大于上覆有效压力）下固结稳定后卸压，直至卸至第 1 级压力。每次卸压后的回弹稳定标准与加压相同，并测记每级压力及最后一级压力时的回弹量。

④ 需要做次固结沉降试验时，可在主固结试验结束继续试验至固结稳定为止。

（8） 拆除仪器，测含水率

试验结束后，迅速拆除仪器各部件，取出带环刀的试样。需测定试验后含水率时，则用干滤纸吸去试样两端表面上的水，测定其含水率。

10.1.4　试验成果整理

（1） 试样的初始孔隙比 e_0

按下式计算：

$$e_0 = \frac{\rho_w G_s (1+0.01 w_0)}{\rho_0} - 1 \tag{10.1}$$

式中　e_0——初始孔隙比。

（2） 各级压力下固结稳定后的孔隙比

应按下式计算：

$$e_i = e_0 - (1+e_0)\frac{\sum \Delta h_i}{h_0} \tag{10.2}$$

式中　e_i——某级压力下的孔隙比；

$\sum \Delta h_i$——某级压力下试样的高度总变形量，cm；

h_0——试样初始高度，cm。

（3） 某一压力范围内的压缩系数 a_v

按下式计算：

$$a_v = \frac{e_i - e_{i+1}}{p_{i+1} - p_i} \times 10^3 \tag{10.3}$$

式中　a_v——压缩系数，MPa^{-1}；

　　p_i——某一单位压力值，kPa。

（4）某一压力范围内的压缩模量E_s和体积压缩系数m_v

应按下列公式计算：

$$E_s = \frac{1+e_0}{a_v} \tag{10.4}$$

$$m_v = \frac{1}{E_s} = \frac{a_v}{1+e_0} \tag{10.5}$$

式中　E_s——压缩模量，MPa；

　　m_v——体积压缩系数，MPa^{-1}。

（5）压缩指数 C_c 及回弹指数 C_s

C_c 即 e-$\lg p$ 曲线直线段的斜率。用同法在回弹支上求其平均斜率，即 C_s。应按下式计算：

$$C_c \text{ 或 } C_s = \frac{e_i - e_{i+1}}{\lg p_{i+1} - \lg p_i} \tag{10.6}$$

式中　C_c——压缩指数；

　　C_s——回弹指数。

（6）绘制孔隙比与单位压力的关系曲线

以孔隙比 e 为纵坐标，单位压力 p 为横坐标，绘制孔隙比与单位压力的关系曲线。

（7）原状土的先期固结压力 p_c

确定方法可按图 10.7 执行，用适当比例的纵横坐标作 e-$\lg p$ 曲线，在曲线上找出最小曲率半径 R_{min} 点 O。过 O 点作水平线 OA、切线 OB 及 $\angle AOB$ 的平分线 OD，OD 与曲线的直线段 C 的延长线交于点 E，则对应于 E 点的压力值即为该原状土的先期固结压力。

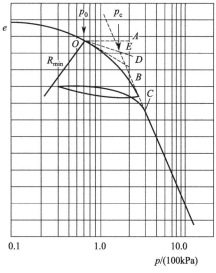

图 10.7　e-$\lg p$ 曲线和求 p_c 示意图

（8）固结系数 C

应按下列方法求算：

① 时间平方根法。对于某一压力，以量表读数 d 为纵坐标，时间平方根 $\sqrt{t}$ 为横坐标，绘制 $d-\sqrt{t}$ 曲线（图 10.8）。延长 $d-\sqrt{t}$ 曲线开始段的直线，交纵坐标轴于 d_s（d_s 称理论零点）。过 d_s 绘制另一直线，令其横坐标为前一直线横坐标的 1.15 倍，则后一直线与 $d-\sqrt{t}$ 曲线交点所对应的时间的平方根即为试样固结度达 90％所需的时间 t_{90}。该压力下的固结系数应按下式计算：

$$C_v = \frac{0.848\bar{h}^2}{t_{90}} \qquad (10.7)$$

式中　C_v——固结系数，cm^2/s；

　　　$\bar{h}$——最大排水距离，等于某一压力下试样初始与终了高度的平均值之半，cm；

　　　t_{90}——固结度达 90％所需的时间，s。

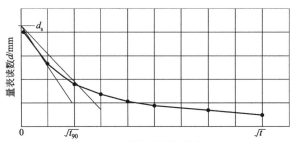

图 10.8　时间平方根法求 t_{90}

注：t 单位为 $\min$

② 时间对数法。对于某一压力，以量表读数 d 为纵坐标，时间在对数横坐标上，绘制 $d\text{-}\lg t$ 曲线（图 10.9）。延长 $d\text{-}\lg t$ 曲线的开始线段，选任一时间 t_1，相对应的量表读数为 d_1，再取时间 $t_2 = t_1/4$，相对应的量表读数为 d_2，则 $2d_2 - d_1$ 之值为 d_{01}。如此再选取另一时间，依同法求得 d_{02}、d_{03}、d_{04} 等，取其平均值即为理论零点 d_0。延长曲线中部的直线段和通过曲线尾部数点切线的交点即为理论终点 d_{100}，则 $d_{50} = (d_0 + d_{100})/2$，对应于 d_{50} 的时间即为试样固结度达到 50％所需的时间 t_{50}。该压力下的固结系数 C_v 应按下式计算：

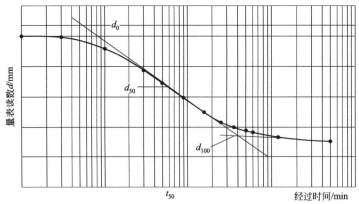

图 10.9　时间对数法求 t_{90}

$$C_v = \frac{0.197\bar{h}^2}{t_{50}} \qquad (10.8)$$

式中　t_{50}——固结度达 50％所需的时间，s。

（9）次固结系数

对于某一压力，以孔隙比 e 为纵坐标，时间在对数横坐标上，绘制 $e\text{-}\lg t$ 曲线。主固结结束后试验曲线下部的直线段的斜率即为次固结系数。次固结系数应按下式计算：

$$C_\alpha = \frac{-\Delta e}{\lg(t_2/t_1)} \tag{10.9}$$

式中　C_α——次固结系数；

　　　Δe——对应时间 t_1 到 t_2 的孔隙比的差值；

　　　t_1、t_2——次固结某一时间，min。

（10）试验记录表

标准固结试验记录表（一）～（三）见表 10.1、表 10.2、表 10.3。

探索思考题

（1）土的压缩系数、压缩指数和固结系数有什么不同？在压力较低的情况下能否求得压缩指数？为什么？

（2）试样变形稳定标准有哪几种？

表 10.1　标准固结试验记录表（一）

任务单号		试验者	
试样编号		计算者	
取土深度		校核者	
试样说明		试验日期	
仪器名称及编号			

1. 含水率试验

试样情况	盒号	盒加湿土质量/g	盒加干土质量/g	盒质量/g	水质量/g	干土质量 m_d/g	含水率 ω/%	平均含水率 $\overline{\omega}$/%
		(1)	(2)	(3)	(4)	(5)	(6)	(7)
	—	—	—	(1)−(2)	(2)−(3)	(4)/(5)×100	$\dfrac{\sum(6)}{2}$	
试验前								
试验后								

2. 密度试验

试样情况	环加土质量/g	环刀质量/g	湿土质量 m_0/g	试样体积 V/cm³	湿密度 ρ/(g/cm³)
	(1)	(2)	(3)	(4)	(5)
	—	—	(1)−(2)	—	(3)/(4)
试验前					
试验后					

3. 孔隙比及饱和度计算 $G_s = \underline{\qquad}$

试样情况	试验前	试验后
含水率 w/%		
湿密度 ρ/(g/cm³)		
孔隙比 e		
饱和度 S_r/%		

表 10.2 标准固结试验记录表（二）

任务单号		试验者	
试样编号		计算者	
试验日期		校核者	
仪器名称及编号			

经过时间	试样在不同上覆压力下变形							
	（ ）/kPa		（ ）/kPa		（ ）/kPa		（ ）/kPa	
	时间	量表读数 (0.01mm)	时间	量表读数 (0.01mm)	时间	量表读数 (0.01mm)	时间	量表读数 (0.01mm)
0								
6″								
15″								
1′								
2′15″								
4′								
6′15″								
9′								
12′15″								
16′								
20′15″								
25′								
30′15″								
36′								
42′15″								
49′								
64′								
100′								
200′								
400′								
23h								
24h								
总变形量/mm								
仪器变形量/mm								
试样总变形量/mm								

土／力／学／试／验／指／导

表 10.3　标准固结试验记录表（三）

任务单号		试验者	
试样编号		计算者	
试验日期		校核者	
仪器名称及编号			

| 试样原始高度 $h_0=20.0\text{mm}$
试样前孔隙比 $e_0=$ | | | $C_{\text{v}}=\dfrac{0.848(\bar{h})^2}{t_{90}}$ 或 $C_{\text{v}}=\dfrac{0.1978(\bar{h})^2}{t_{90}}$ | | | | |

加压历时/h	压力 p/kPa	试样总变形量 $\sum\Delta h_i$/mm	压缩后试样高度 h/mm	孔隙比 e_i	压缩模量 E_{s}/MPa	压缩系数 a_{v}/MPa^{-1}	排水距离 $\bar{h}$/cm	固结系数 C_{v}/(cm^2/s)
(1)	(2)	(3)	(4)	(5)	(6)	(7)	(8)	(9)
—	—	—	$(4)=h_0-(3)$	$(5)=$ $e_0-\dfrac{(3)(1+e_0)}{h_0}$	—	—	$(8)=\dfrac{h_i+h_{i+1}}{4}$	—
0								
24								
24								
24								
24								
24								
24								
24								
24								
24								

10.2　快速固结试验

10.2.1　试验原理

　　标准固结试验往往需数天到十多天才能完成。对 2cm 厚的一般黏质土试样，在荷重作用下，1h 的固结度一般可达 90%（以 24h 的固结度为 100% 计）。按 1h 稳定的速率进行试验，对试验结果的 e-p 曲线进行校正，可得到与标准固结试验近似的结果，同时可以节省时间。在快速固结试验中，各级压力下的固结时间为 1h，仅在最后一级压力下，测记 1h 的量表读数和试样达压缩稳定时的量表读数，并用其对各级压力下试样的变形量进行修正，以求得压缩指标。

10.2.2　试验仪器设备

　　试验仪器设备同 10.1 节相同。

10.2.3　试验操作步骤

★ 【思考】在快速固结试验中，某一压力下的总变形量是按什么规律校正的？

（1）制备试样

① 根据工程需要，切取原状土试样或制备给定密度与含水率的扰动土试样。制备方法按扰动土试样预备程序、扰动土试样制备方法制备。

② 冲填土应先将土样调成液限或 1.2～1.3 倍液限的土膏，拌和均匀，在保湿器内静置 24h。然后把环刀倒置于小玻璃板上用调土刀把土膏填入环刀，排除气泡，刮平，称量。

（2）测定试样含水率和密度

测定试样的含水率及密度。对于扰动试样需要饱和时，将试样进行饱和。

（3）安装试样

在固结容器内放置护环、透水板和薄滤纸，将带有环刀的试样小心装入护环，然后在试样上放薄滤纸、透水板和加压盖板，置于加压框架下，对准加压框架的正中，安装量表。

（4）施加预压压力

为保证试样与仪器上下各部件之间接触良好，应施加 1kPa 的预压压力，然后调整量表，使读数为零。

（5）确定加压等级

① 确定需要施加的各级压力。加压等级宜为 12.5kPa、25kPa、50kPa、100kPa、200kPa、400kPa、800kPa、1600kPa、3200kPa。最后一级的压力应大于上覆土层的计算压 100～200kPa。

② 第 1 级压力的大小视土的软硬程度宜采用 12.5kPa、25.0kPa 或 50.0kPa（第 1 级实加压力应减去预压压力）。只需测定压缩系数时，最大压力不小于 400kPa。

（6）施压并保湿

施加压力。对于饱和试样，在施加第 1 级压力后，立即向水槽中注水至满。对非饱和试样，须用湿棉围住加压盖板四周，避免水分蒸发。

（7）测记沉降

试样在各级压力下的固结时间为 1h，仅在最后一级压力下，测记 1h 的量表读数和试样达压缩稳定时的量表读数。

（8）拆除仪器，测含水率

试验结束后，迅速拆除仪器各部件，取出带环刀的试样。需测定试验后含水率时，则用干滤纸吸去试样两端表面上的水，测定其含水率。

10.2.4　试验成果整理

(1) 计算参数

试样的初始孔隙比 e_0、各级压力下固结稳定后的孔隙比、某一压力范围内的压缩系数

a_v、某一压力范围内的压缩模量 E_s 和体积压缩系数 m_v 按式(10.1)~式（10.5）计算。

（2）各级压力下试样校正后的总变形量

对快速法所得的试验结果，当需要校正时，各级压力下试样校正后的总变形量应按下式计算：

$$\sum \Delta h_i = (h_i)_t \frac{(h_n)_{t_w}}{(h_n)_t} \qquad (10.10)$$

式中　$\sum \Delta h_i$——某一压力下校正后的总变形量，mm；

$(h_i)_t$——某一压力下固结1h的总变形量减去该压力下的仪器变形量，mm；

$(h_n)_{t_w}$——最后一级压力下达到稳定标准的总变形量减去该压力下的仪器变形量，mm；

$(h_n)_t$——最后一级压力下固结1h的总变形量减去该压力下的仪器变形量，mm。

(3) 绘制孔隙比与单位压力的关系曲线

按 10.1 节试验成果整理之（6）执行。

(4) 快速固结试验记录表

见表 10.4。

探索思考题

（1）快速压缩法的依据是什么？什么条件下可以使用？

（2）百分表是观测变形的一种简单和方便的仪器，在固结试验中，百分表测得的变形包括哪几部分？

表 10.4　快速固结试验记录表

任务单号		试验者	
试样编号		计算者	
试样日期		校核者	
仪器名称及编号			

试验初始高度：$h_0=$ ____ mm　$K=(h_i)_t/(h_n)_t=$

加压历时 /h	压力 p/kPa	校正前试样总变形量 $(h_i)_t$/mm	校正后试样总变形量 $\sum\Delta h_i$/mm	压缩后试样高度 h/mm	孔隙比 e_i	压缩模量 E_s/MPa	压缩系数 a_v/MPa^{-1}
(1)	(2)	(3)	(4)	(5)	(6)	(7)	(8)
—	—	—	(4)=K(3)	(5)=K_0−(4)	(6)=$e_0-\dfrac{(4)(1+e_0)}{h_0}$	—	—
1							
1							
1							
1							
1							
稳定							

三轴压缩试验

三轴压缩试验是测定土抗剪强度的一种方法，通常采用 3～4 个圆柱形试样，分别在不同的恒定周围压力下施加轴向压力，进行剪切直至试样破坏。然后根据莫尔-库仑破坏准则确定土的抗剪强度参数。

📖 **工程案例**

某东部沿海地区淤泥质黏土和粉土的直剪固结快剪试验和三轴固结不排水剪切试验试验结果显示两者存在较大差异（见图 11.1 和图 11.2）。

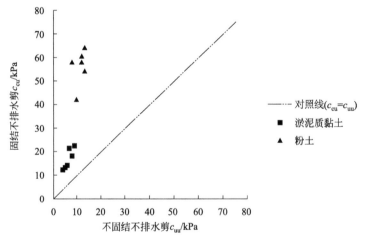

图 11.1　三轴不固结不排水剪和固结不排水剪黏聚力交会图

试验中，不同固结条件的三轴试验所得到的试验结果差异较大，因此，选择符合工程实际的固结条件非常重要。

上海某建筑基坑，地面以下为厚达 15m 的淤泥质黏土，淤泥质黏土的固结不排水剪黏聚力 c_{cu} 和内摩擦角 φ_{cu} 分别为 21kPa 和 14.5°，不固结不排水剪黏聚力 c_{uu} 和内摩擦角 φ_{uu} 分别为 7kPa 和 2.2°；基坑采用地下连续墙支护，墙体插入深度 D 为 2.22m，基坑开挖深度 H 为 7m，基坑周围地面超载 q 为 10kPa，基坑在开挖前 7 天进行了降水，降水至基坑以下 1.5m。

根据上海市《地基基础设计规范》（DGJ 08-11—2017），基坑的稳定性验算应采用固结

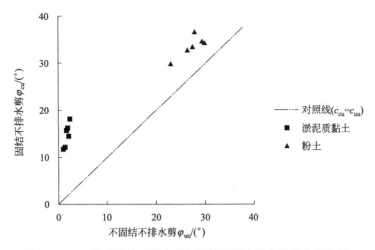

图 11.2 三轴不固结不排水剪和固结不排水剪内摩擦角交会图

不排水剪试验指标。

同时考虑 c、φ 的基坑抗隆起稳定性的计算方法如下：

$$K_s = \frac{\gamma_2 D N_q + c N_c}{\gamma_1 (H+D) + q}$$

其中，N_q、N_c 用普朗特尔公式计算，分别为：

$$N_q = \tan^2\left(45° + \frac{\varphi}{2}\right) e^{\pi\tan\varphi}$$

$$N_c = (N_q - 1)\frac{1}{\tan\varphi}$$

式中　K_s——基坑抗隆起稳定性系数；

　　　　D——墙体插入深度；

　　　　H——基坑开挖深度；

　　　　q——地面超载；

　　　　γ_1——坑外地表至墙底，各土层天然重度的加强平均值；

　　　　γ_2——坑内开挖面以下至墙底，各土层天然重度的加强平均值；

　　N_q、N_c——地基极限承载力的计算系数；

　　　c、φ——墙体底端的土体参数值。

采用固结不排水剪试验指标计算该基坑的抗隆起稳定性系数，判断该基坑抗隆起是否满足要求？

若误采用了不固结不排水剪试验指标计算，导致该基坑的抗隆起稳定性系数偏离多少？

📖 试验目的

三轴压缩试验是测定土抗剪强度的一种方法，适用于测定细粒土和砂类土的总抗剪强度参数和有效抗剪强度参数。可用于堤坝填方、路堑、岸坡的稳定定性分析，挡土墙及建筑物地基的承载力计算等方面。

📖 试验方法

三轴压缩试验试验方法：制备 3～4 个圆柱体试样，先在其四周施加不同的周围压力

（即小主应力 σ_3），随后逐渐增加轴向压力（即主应力差 $\sigma_1 - \sigma_3$）直至破坏为止。再根据摩尔-库仑破坏准则计算土的强度参数（黏聚力 c 和内摩擦角 φ）。

三轴压缩试验包括试验时的仪器检查、试样制备、试样饱和和试样剪切四个环节。

（1）试验时的仪器检查（图11.3）

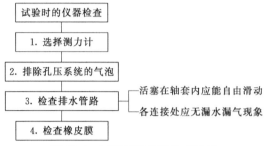

图 11.3　试验时的仪器检查流程

（2）试样制备

试样制备根据试样的不同，采用不同的制备方法。

① 原状土试样制备（图11.4）

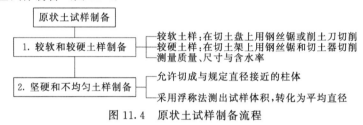

图 11.4　原状土试样制备流程

② 扰动土试样制备（图11.5）。

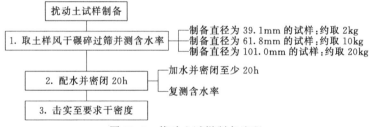

图 11.5　扰动土试样制备流程

③ 砂土试样制备（图11.6）

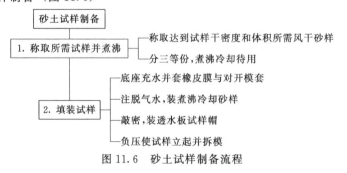

图 11.6　砂土试样制备流程

（3） 试样饱和 (图 11.7)

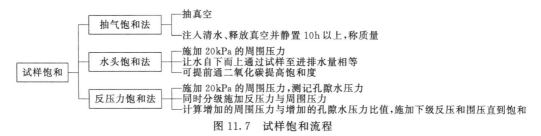

图 11.7　试样饱和流程

（4） 试样剪切

试样剪切根据固结和排水条件的不同，可分为不固结不排水剪切、固结不排水剪切和固结排水剪切三种。

①不固结不排水剪试验 （图 11.8）

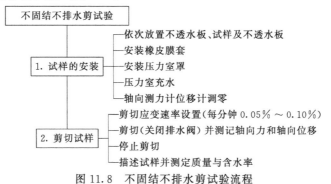

图 11.8　不固结不排水剪试验流程

② 固结不排水剪试验 （图 11.9）。

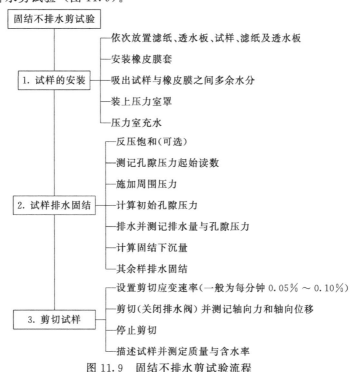

图 11.9　固结不排水剪试验流程

③ 固结排水剪试验（图 11.10）

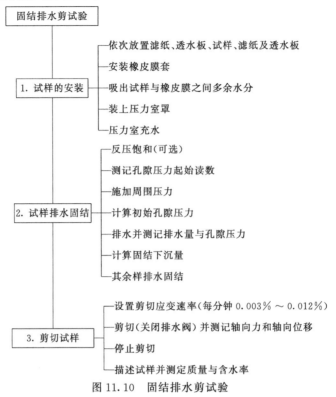

图 11.10　固结排水剪试验

📖 **适用范围**

适用于土样粒径应小于 20mm 的土，试验方法的选择见图 11.11。

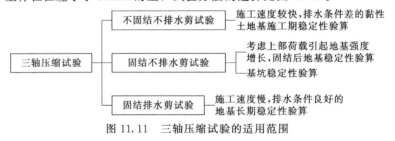

图 11.11　三轴压缩试验的适用范围

📖 **试验要求**

① 轴向力的最大允许误差为 ±1%。

② 孔隙压力量测系统的体积因数应小于 $1.5×10^{-5}\,cm^3/kPa$。

③ 含水率的最大允许差值应为 ±1%。

④ 各试样之间的干密度最大允许差值应为 $±0.03g/cm^3$。

📖 **注意事项（试验要点）**

① 对粉质黏土的对比试验表明：抽气饱和法饱和度可达 95%，浸水饱和法和水头饱和法在持续数昼夜后仅达到 85% 左右。若研究软化的影响，则要用水头饱和法。固结不排水试验，剪切前试样饱和度必须达到 98%，因此，必须施加反压力饱和。

② 三轴固结不排水试验的剪切过程中，试样剪切区的孔隙水压力一般中部较大，两端较小，通过试样或滤纸条逐渐传递到试样底部的孔隙水压力传感器需要一定时间，因此剪切应变速率不能过快。同时黏土和粉土的渗透系数不同，故规定了不同的剪切应变速率。

③ 绘制应力圆时，一般以主应力差的峰值作为试样的破坏标准，当主应力差无峰值时，采用应变为15%时的主应力差作为破坏强度值，也可以用绘制有效应力路径来判断试样的破坏强度值。

④ 试验前，检查三轴仪是否漏气、漏水，将排水管、孔压量管排出气泡并检查橡皮膜是否漏气。试验时，压力室内充满纯水，没有气泡。

11.1　试验原理

三轴压缩试验是根据摩尔-库仑破坏准则测定土的强度参数：黏聚力 c 和内摩擦角 φ。常规的三轴压缩试验是制备 $3\sim4$ 个圆柱体试样，先在其四周施加不同的周围压力（即小主应力 σ_3），随后逐渐增加轴向压力（即主应力差 $\sigma_1-\sigma_3$）直至破坏为止。根据破坏时的大主应力 σ_1 和小主应力 σ_3 绘摩尔圆，摩尔圆的包线就是抗剪强度与法向应力的关系曲线。通常以近似的直线表示，其倾角为内摩擦角 φ，在纵轴上的截距为黏聚力 c。三轴压缩试验适用于测定细粒土和砂类土的总抗剪强度参数和有效抗剪强度参数。

11.2　试验仪器设备

本试验所用的仪器设备应符合下列规定：

① 应变控制式三轴仪（图 11.12）：由反压力控制系统、周围压力控制系统、压力室、孔隙水压力量测系统组成。其技术条件应符合现行国家标准《岩土工程仪器基本参数及通用技术条件》（GB/T 15406）及《土工试验仪器 三轴仪 第 1 部分：应变控制式三轴仪》（GB/T 24107.1）的规定。

② 击实器（图 11.13）。

③ 饱和器（图 11.14）。

④ 切土盘（图 11.15）。

⑤ 切土器和切土架（图 11.16）。

⑥ 原状土分样器（图 11.17）。

⑦ 承膜筒（图 11.18）。

⑧ 制备砂样圆模（图 11.19），用于冲填土或砂性土。

⑨ 天平：称量 200g，分度值 0.01g；称量 1000g，分度值 0.1g；称量 5000g，分度值 1g。

⑩ 负荷传感器：轴向力的最大允许误差为 ±1%。

⑪ 位移传感器（或量表）：量程 30mm，分度值 0.01mm。

⑫ 橡皮膜：对直径为 39.1mm 和 61.8mm 的试样，橡皮膜厚度宜为 $0.1\sim0.2$mm；对

直径为 101mm 的试样，橡皮膜厚度宜为 0.2～0.3mm。

⑬ 透水板：直径与试样直径相等，其渗透系数宜大于试样的渗透系数，使用前在水中煮沸并泡于水中。

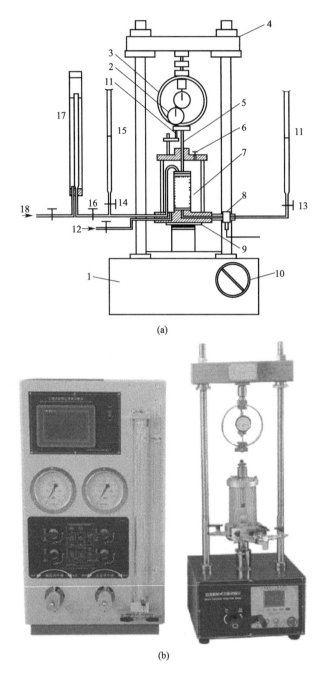

(a)

(b)

图 11.12　应变控制式三轴仪示意图

1—试验机；2—轴向位移计；3—轴向测力计；4—试验机横梁；5—活塞；6—排气孔；

7—压力室；8—孔隙压力传感器；9—升降台；10—手轮；11—排水管；

12—周围压力；13，14—排水管阀；15—量水管；16—体变管阀；17—体变管；18—反压力

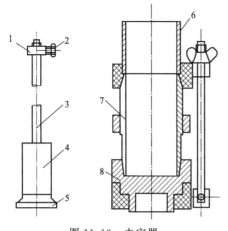

图 11.13　击实器

1—套环；2—定位螺丝；3—导杆；4—击锤；

5—底板；6—套筒；7— 饱和器；8—底板

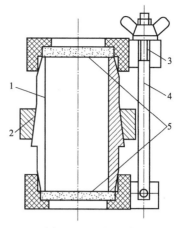

图 11.14　饱和器

1—土样筒；2—紧箍；3—夹板；

4—拉杆；5—透水板

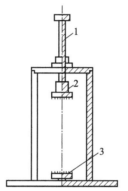
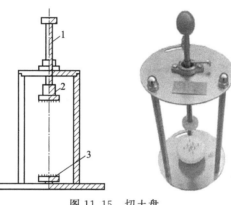

图 11.15　切土盘

1—轴；2—上盘；3—下盘

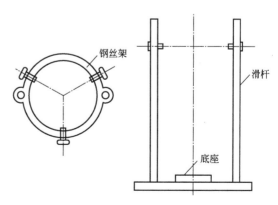

图 11.16　切土器和切土架

1—切土架；2—切土器；3—土样

图 11.17　原状土分样器

钢丝架

滑杆

底座

ϕ39.1mm ×100mm

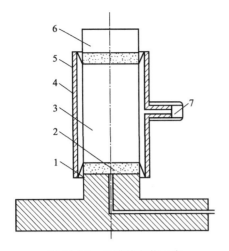

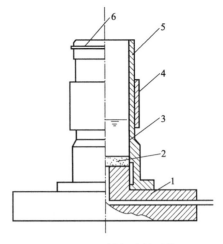

图 11.18　承膜筒安装示意

1— 压力室底座；2— 透水板；3—试样；4—承膜筒；
5—橡皮膜；6—上帽；7—吸气孔

图 11.19　制备砂样圆模

1—压力室底座；2—透水板；3—制样圆模
（两片合成）；4—紧箍；5—橡皮膜；6—橡皮圈

11.3　试验操作步骤

★ 【思考】①原状土试样制备中，如何尽量减少人为对试样的扰动？

②扰动土试样制备中，分层击实时为什么要对每层表面刨毛？

③砂土试样制备中，为什么要用脱气水和煮沸冷却的砂样？

④不同类型试验的排水条件和固结条件在试验中是如何做到的？

（1）试验时的仪器检查

① 选择测力计。根据试样的强度大小，选择不同量程的测力计。

② 排除孔隙压力量测系统的气泡。孔隙压力量测系统中充以无气水并施加压力，小心地打开孔隙压力阀，让管路中的气泡从压力室底座排出。应反复几次直到气泡完全冲出为止。孔隙压力量测系统的体积因数应小于 $1.5 \times 10^{-5} \, \mathrm{cm^3/kPa}$。

③ 检查排水管路。排水管路应通畅。活塞在轴套内应能自由滑动，各连接处应无漏水漏气现象。仪器检查完毕，关周围压力阀、孔隙压力阀和排水阀以备使用。

④ 检查橡皮膜。橡皮膜在使用前应仔细检查。其方法是扎紧两端，在膜内充气，然后沉入水下检查，应无气泡溢出。

（2）试样的制备和饱和

试样高度 h 与直径 D 之比（h/D）应为 2.0～2.5，直径 D 分别为 39.1mm、61.8mm 及 101.0mm。对于有裂隙、软弱面或构造面的试样，直径 D 宜采用 101.0mm。

① 原状土试样制备。

a. 较软和较硬土样制备。

（a）较软土样（使用切土盘）。对于较软的土样，先用钢丝锯或削土刀切取一稍大于规定尺寸的土柱，放在切土盘的上、下圆盘之间。再用钢丝锯或削土刀紧靠侧板，由上往下细心切削，边切削边转动圆盘，直至土样的直径被削成规定的直径为止。然后按试样高度的要求，削平上下两端。对于直径为10cm的软黏土土样，可先用原状土分样器分成3个土柱，再按上述的方法切削成直径为39.1mm的试样。

（b）较硬土样（使用切土架）。对于较硬的土样，先用削土刀或钢丝锯切取一稍大于规定尺寸的土柱，上、下两端削平，按试样要求的层次方向放在切土架上，用切土器切削。先在切土器刀口内壁涂上一薄层油，将切土器的刀口对准土样顶面，边削土边压切土器，直至切削到比要求的试样高度高约20cm为止，然后拆开切土器，将试样取出，按要求的高度将两端削平。试样的两端面应平整，互相平行，侧面垂直，上下均匀。在切样过程中，当试样表面因遇砾石而成孔洞时，允许用切削下的余土填补。

（c）测量质量、尺寸与含水率。将切削好的试样称量，直径为101.0mm的试样应准确至1g；直径为61.8mm和39.1mm的试样应准确至0.1g。取切下的余土，平行测定含水率，取其平均值作为试样的含水率。试样高度和直径用卡尺量测，试样的平均直径应按下式计算：

$$D_0 = \frac{D_1 + 2D_2 + D_3}{4} \tag{11.1}$$

式中　　D_0——试样平均直径，mm；

D_1、D_2、D_3——试样上、中、下部位的直径，mm。

b. 坚硬和不均匀土样制备。对于特别坚硬的和很不均匀的土样，当不易切成平整、均匀的圆柱体时，允许切成与规定直径接近的柱体，按所需试样高度将上下两端削平，称取质量，然后包上橡皮膜，用浮称法称试样的质量，并换算出试样的体积和平均直径。

② 扰动土试样制备。

a. 取土样风干碾碎过筛并测含水率。选取一定数量的代表性土样。直径为39.1mm的试样约取2kg，直径为61.8mm和101.0mm试样分别取10kg和20kg。经风干、碾碎、过筛，筛的孔径应符合本表11.1的规定，测定风干含水率，按要求的含水率算出所需加水量。

表 11.1　土样粒径与试样直径的关系　　　　　单位：mm

试样直径 D	最大允许粒径 d_{max}
39.1	$\frac{1}{10}D$
61.8	$\frac{1}{10}D$
101.0	$\frac{1}{5}D$

b. 配水并密闭20h。将需加的水量喷洒到土料上拌匀，稍静置后装入塑料袋，然后置于密闭容器内至少20h，使含水率均匀。取出土料复测其含水率。含水率的最大允许差值应为±1%。当不符合要求时，应调整含水率至符合要求为止。

c. 击实至要求干密度。击样筒的内径应与试样直径相同。击锤的直径宜小于试样直径，也可采用与试样直径相等的击锤。击样筒壁在使用前应洗擦干净，涂一薄层凡士林；根据要求的干密度，称取所需土质量。按试样高度分层击实，粉土分3～5层，黏土分5～8层击实。各层土料质量相等。每层击实至要求高度后，将表面刨毛，再加第2层土料。如此继续进行，直至击实最后一层。将击样筒中的试样两端整平，取出称其质量。

③ 砂土试样制备。

a. 称取所需试样并煮沸。根据试验要求的试样干密度和试样体积称取所需风干砂样质量，分三等份，在水中煮沸，冷却后待用。

b. 填装试样。

（a）底座充水并套橡皮膜与对开模套。开孔隙压力阀及量管阀，使压力室底座充水。将煮沸过的透水板滑入压力室底座上，并用橡皮带把透水板包扎在底座上，以防砂土漏入底座中。关孔隙压力阀及量管阀，将橡皮膜的一端套在压力室底座上并扎紧，将对开模套在底座上，将橡皮膜的上端翻出，然后抽气，使橡皮膜贴紧对开模内壁。

（b）注脱气水，装煮沸冷却砂样。在橡皮膜内注脱气水约达试样高的 1/3。用长柄小勺将煮沸冷却的一份砂样装入膜中，填至该层要求高度。对含有细粒土和要求高密度的试样，可采用干砂制备，用水头饱和或反压力饱和。

（c）敲密，装透水板试样帽。第 1 层砂样填完后，继续注水至试样高度的 2/3，再装第 2 层砂样。如此继续装样，直至模内装满为止。如果要求干密度较大，则可在填砂过程中轻轻敲打对开模，使所称出的砂样填满规定的体积。然后放上透水板、试样帽，翻起橡皮膜，并扎紧在试样帽上。

（d）负压使试样立起并拆模。开量管阀降低量管，使管内水面低于试样中心高程以下约 0.2m，当试样直径为 101mm 时，应低于试样中心高程以下约 0.5m。在试样内产生一定负压，使试样能立起。拆除对开模，试样高度和直径用卡尺量测，复核试样干密度。各试样之间的干密度最大允许差值应为 $\pm0.03\text{g/cm}^3$。

④ 试样饱和。

a. 抽气饱和法。

（a）抽真空。应将装有试样的饱和器置于无水的抽气缸内进行抽气，当真空度接近当地 1 个大气压后，应继续抽气，继续抽气时间宜符合表 11.2 的规定。

表 11.2　不同土性的抽气时间　　　　　　　　　　　单位：h

土类	抽气时间
粉土	>0.5
黏土	>1
密实的黏土	>2

（b）注入清水、释放真空并静置 10h 以上，称质量。当抽气时间达到表 11.2 的规定后，徐徐注入清水，并保持真空度稳定。待饱和器完全被水淹没即停止抽气，并释放抽气缸的真空。试样在水下静置时间应大于 10h，然后取出试样并称其质量。

b. 水头饱和法：适用于粉土或粉土质砂。

（a）施加 20kPa 的周围压力。按砂土试样制备方法制备和安装试样，试样顶用透水帽，然后施加 20kPa 的周围压力。

（b）让水自下而上通过试样至进排水量相等。提高试样底部量管的水面和降低连接试样顶部固结排水管的水面，使两管水面差在 1m 左右。打开量管阀、孔隙压力阀和排水阀，让水自下而上通过试样，直至同一时间间隔内量管流出的水量与固结排水管内的水量相等为止。

（c）可提前通二氧化碳提高饱和度。当需要提高试样的饱和度时，宜在水头饱和前，从底部将二氧化碳气体通入试样，置换孔隙中的空气。二氧化碳的压力宜为 5~10kPa，再进行水头饱和。

c. 反压力饱和法：试样要求完全饱和时，可对试样施加反压力。

（a）施加 20kPa 的周围压力，测记孔隙水压力。试样装好后装上压力室罩，关孔隙压力阀和反压力阀，测记体变管读数。先对试样施加 20kPa 的周围压力预压，并开孔隙压力阀待孔隙水压力稳定后记下读数，然后关孔隙压力阀。

（b）同时分级施加反压力与周围压力。反压力应分级施加，并同时分级施加周围压力，以减少对试样的扰动，在施加反压力过程中，始终保持周围压力比反压力大 20kPa，反压力和周围压力的每级增量对软黏土取 30kPa；对坚实的土或初始饱和度较低的土，取 50～70kPa。

（c）计算增加的周围压力与增加的孔隙水压力比值，施加下级反压和围压直到饱和。操作时，先调周围压力至 50kPa，并将反压力系统调至 30kPa，同时打开周围压力阀和反压力阀，再缓缓打开孔隙压力阀，待孔隙水压力稳定后，测记孔隙压力计和体变管读数；当增加的周围压力与增加的孔隙水压力比值 $\Delta u / \Delta \sigma_3 > 0.98$ 时，认为试样已经饱和。否则再增加反压力和周围压力至下一级，使土体内气泡继续缩小，直至试样饱和为止。

（3）不固结不排水剪试验操作步骤

① 试样的安装。

a. 依次放置不透水板、试样及不透水板。对压力室底座充水，在底座上放置不透水板，并依次放置试样及不透水板。对于砂性土的试样安装，按砂土试样制备方法进行。

b. 安装橡皮膜套。将橡皮膜套在承膜筒内，两端翻出筒外，从吸气孔吸气，使膜贴紧承膜筒内壁，套在试样外，并在不透水板上放置试样帽；放气，翻起橡皮膜的两端，取出承膜筒。用橡皮圈将橡皮膜分别扎紧在压力室底座和试样帽上。

c. 安装压力室罩。装上压力室罩。安装时应先将活塞提升，以防碰撞试样，压力室罩安放后，将活塞对准试样帽中心，并均匀地旋紧螺丝。

d. 压力室充水。开排气孔，向压力室充水，当压力室内快注满水时，降低进水速度，水从排气孔溢出时，关闭排气孔。

e. 施加周围压力。关体变传感器或体变管阀及孔隙压力阀，开周围压力阀，施加所需的周围压力。周围压力大小应与工程的实际小主应力 σ_3 相适应，并尽可能使最大周围压力与土体的最大实际小主应力 σ_3 大致相等。也可按 100kPa、200kPa、300kPa、400kPa 施加。

f. 轴向测力计位移计调零。上升升降台，当轴向测力计有微读数时表示活塞已与试样帽接触。然后将轴向负荷传感器或测力计、轴向位移传感器或位移计的读数调整到零位。

② 剪切试样。

a. 剪切应变速率设置。剪切应变速率宜为每分钟 0.5％～1.0％。剪切前，打开周围压力阀，关闭体变管阀、排水管阀、孔隙压力阀、量管阀。

b. 剪切（关闭排水阀）并测记轴向力和轴向位移。开动试验机，进行剪切。开始阶段，试样每产生轴向应变 0.3％～0.4％时，测记轴向力和轴向位移读数各 1 次。当轴向应变达 3％以后，读数间隔可延长为每产生轴向应变 0.7％～0.8％时各测记 1 次。当接近峰值时应加密读数。当试样为特别硬脆或软弱土时，可加密或减少测读的次数。

c. 停止剪切。当出现峰值后，再继续剪 3％～5％轴向应变；轴向力读数无明显减少时，则剪切至轴向应变达 15％～20％。

d. 描述试样并测定质量与含水率。试验结束后，关闭电动机，下降升降台，开排气孔，排去压力室内的水，拆除压力室罩，揩干试样周围的余水，脱去试样外的橡皮膜，描述破坏后形状，称试样质量，测定试验后含水率。对于直径为 39.1mm 的试样，宜取整个试样烘干；直径为 61.8mm 和 101mm 的试样，可切取剪切面附近有代表性的部分土样烘干。

（4）固结不排水剪试验操作步骤

① 试样的安装。

a. 依次放置湿滤纸、透水板、试样、湿滤纸及透水板。开孔隙压力阀及量管阀，使压力室底座充水排气，并关闭孔隙水压力阀和量管阀。在压力室底座上依次放上透水板、湿滤纸、试样、湿滤纸及透水板。在其周围贴上 7～9 条浸湿的滤纸条，滤纸条宽度为试样直径的 1/5～1/6。滤纸条两端与透水石连接，当要施加反压力饱和试样时，所贴的滤纸条必须在中间断开试样高度的约 1/4，或自底部向上贴至试样高度 3/4 处。

b. 安装橡皮膜套。将橡皮膜套在承膜筒内，两端翻出筒外（图 11.18），从吸气孔吸气，使膜贴紧承膜筒内壁，套在试样外，放气，翻起橡皮膜的两端，取出承膜筒。橡皮膜下端扎紧在压力室底座上。

用软刷子或双手自下向上轻轻按抚试样，以排除试样与橡皮膜之间的气泡。对于饱和软黏土，可开孔隙压力阀及量管阀，使水徐徐流入试样与橡皮膜之间，以排除夹气，然后关闭。

开排水管阀，使水从试样帽徐徐流出以排除管路中气泡，并将试样帽置于试样顶端。排除顶端气泡，将橡皮膜扎紧在试样帽上。

c. 吸出试样与橡皮膜之间多余水分。降低排水管，使其水面降至试样中心高程以下 20～40cm，吸出试样与橡皮膜之间多余水分，然后关排水管阀。

d. 装上压力室罩。安装时应先将活塞提升，以防碰撞试样，压力室罩安放后，将活塞对准试样帽中心，并均匀地旋紧螺丝。

e. 压力室充水。开排气孔，向压力室充水，当压力室内快注满水时，降低进水速度，水从排气孔溢出时，关闭排气孔。然后放低排水管使其水面与试样中心高度齐平，测记其水面读数，并关排水管阀。

② 试样排水固结。

a. 反压饱和。当要求对试样施加反压力时，用反压力饱和法进行反压。关体变管阀，增大周围压力，使周围压力与反压力之差等于原来选定的周围压力，记录稳定的孔隙压力读数和体变管水面读数作为固结前的起始读数。当不要求对试样施加反压力时，直接进行下一步。

b. 测记孔隙压力起始读数。使量管水面位于试样中心高度处，开量管阀，测读传感器，记下孔隙压力起始读数，然后关量管阀。

c. 施加周围压力。关体变传感器或体变管阀及孔隙压力阀，开周围压力阀，施加所需的周围压力。周围压力大小应与工程的实际小主应力 σ_3 相适应，并尽可能使最大周围压力与土体的最大实际小主应力 σ_3 大致相等。也可按 100kPa、200kPa、300kPa、400kPa 施加，并调整负荷传感器或测力计、轴向位移传感器或位移计的读数。

d. 计算初始孔隙压力。打开孔隙压力阀，测记稳定后的孔隙压力读数，减去孔隙压力计起始读数，即为周围压力下试样的初始孔隙压力。

e. 排水并测记排水量与孔隙压力。开排水管阀，按 0min、0.25min、1min、4min、9min 时间测记排水读数与孔隙压力计读数（固结过程中，排水管水面应始终保持在试样的中心高度）。固结度至少应达到 95%，固结过程中可随时绘制排水量 ΔV 与时间平方根或时间对数曲线及孔隙压力消散度与时间对数曲线。若试样的主固结时间已经掌握，也可不读排水管和孔隙压力的过程读数。

f. 计算固结下沉量。固结完成后，关排水管阀或体变管阀，记下体变管或排水管和孔隙压力的读数。开动试验机，到轴向力读数开始微动时，表示活塞已与试样接触，记下轴向位移读数，即为固结下沉量 Δh。依此算出固结后试样高度 h_c，然后将轴向力和轴向位移读数都调至零。

g. 其余样排水固结。其余几个试样按同样方法安装试样，并在不同周围压力下排水固结。

③ 剪切试样。

a. 设置剪切应变速率。剪切应变速率宜为每分钟0.05%～0.10%，粉土剪切应变速率宜为0.1%～0.5%；对于固结不排水剪试验，需要先关闭排水阀。

b. 剪切（关闭排水阀）并测记轴向力和轴向位移。开动试验机，进行剪切。开始阶段，试样每产生轴向应变0.3%～0.4%时，测记轴向力和轴向位移读数各1次。当轴向应变达3%以后，读数间隔可延长为每产生轴向应变0.7%～0.8%时各测记1次。当接近峰值时应加密读数。当试样为特别硬脆或软弱土时，可加密或减少测读的次数。

c. 停止剪切。当出现峰值后，再继续剪3%～5%轴向应变；轴向力读数无明显减少时，则剪切至轴向应变达15%～20%。

d. 描述试样并测定质量与含水率。试验结束后，关闭电动机，下降升降台，开排气孔，排去压力室内的水，拆除压力室罩，揩干试样周围的余水，脱去试样外的橡皮膜，描述破坏后形状，称试样质量，测定试验后含水率。

（5）固结排水剪试验操作步骤

① 试样的安装和固结按（3）固结不排水剪试验操作步骤①和②进行。

② 试样的剪切应按（3）固结不排水剪试验操作步骤③进行，但在剪切过程中打开排水阀。剪切速率宜为每分钟0.003%～0.012%。

11.4 试验成果整理

（1）计算

① 试样的高度、面积、体积及剪切时的面积按表11.3中的公式计算。

表 11.3　高度、面积、体积计算表

项目	起始	固结后		剪切时校正值
		按实测固结下沉	等应变简化式样	
试样高度/cm	h_0	$h_e = h_0 - \Delta h_e$	$h_c = h_0 \times (1 - \dfrac{\Delta V}{V_0})^{1/3}$	—
试样面积 /cm²	A_0	$A_e = \dfrac{V_0 - \Delta V}{h_c}$	$A_c = A_0 \times (1 - \dfrac{\Delta V}{V_0})^{2/3}$	$A_a = \dfrac{A_0}{1 - 0.01\varepsilon_1}$ （不固结不排水剪） $A_a = \dfrac{A_c}{1 - 0.01\varepsilon_1}$ （固结不排水剪） $A_a = \dfrac{V_c - \Delta V_i}{h_c - \Delta h_i}$ （固结排水剪）
试样体积 /cm³	V_0	$V_c = h_c A_c$		—

注：表中，Δh_c 为固结下沉量，由轴向位移计测得，cm；ΔV 为固结排水量（实测或试验前后试样质量差换算），cm³；ΔV_i 为排水剪中剪切时的试样体积变化，cm³，按体变管或排水管读数求得；ε_1 为轴向应变，%；Δh_i 为试样剪切时高度变化，cm，由轴向位移计测得，为方便起见，可预先绘制 ΔV-h_c 及 ΔV-A_c 的关系线备用。

② 主应力差（$\sigma_1 - \sigma_3$）应按下式计算：

$$(\sigma_1 - \sigma_3) = \frac{CR}{A_a} \times 10 \tag{11.2}$$

式中 σ_1——大主应力，kPa；

$\quad\quad\sigma_3$——小主应力，kPa；

$\quad\quad C$——测力计率定系数，N/0.01mm；

$\quad\quad R$——测力计读数，0.01mm；

$\quad\quad A_a$——试样剪切时的面积，cm²。

③ 有效主应力比 σ'_1/σ'_3，应按下列公式计算：

$$\frac{\sigma'_1}{\sigma'_3} = \frac{(\sigma_1 - \sigma_3)}{\sigma'_3} + 1 \tag{11.3}$$

$$\sigma'_1 = \sigma_1 - u \tag{11.4}$$

$$\sigma'_3 = \sigma_3 - u \tag{11.5}$$

式中 σ'_1、σ'_3——有效最大主应力和有效最小主应力，kPa；

$\quad\quad\sigma_1$、σ_3——最大主应力与最小主应力，kPa；

$\quad\quad u$——孔隙水压力，kPa。

④ 孔隙压力系数 B 和 A 应按下列公式计算：

$$B = \frac{u_0}{\sigma_3} \tag{11.6}$$

$$A = \frac{u_d}{B(\sigma_1 - \sigma_3)} \tag{11.7}$$

式中 u_0——试样在周围压力下产生的初始孔隙压力，kPa；

$\quad\quad u_d$——试样在主应力差（$\sigma_1 - \sigma_3$）下产生的孔隙压力，kPa。

（2）制图

① 根据需要分别绘制主应力差（$\sigma_1 - \sigma_3$）与轴向应变 ε_1 的关系曲线，有效主应力比 σ'_1/σ'_3 与轴向应变 ε_1 的关系曲线，孔隙压力 u 与轴向应变 ε_1 的关系曲线，用 $\frac{\sigma'_1 - \sigma'_3}{2}$（或 $\frac{\sigma_1 - \sigma_3}{2}$）与 $\frac{\sigma'_1 + \sigma'_3}{2}$（或 $\frac{\sigma_1 + \sigma_3}{2}$）作坐标的应力路径关系曲线。

② 破坏点的取值可以取（$\sigma_1 - \sigma_3$）或 σ'_1/σ'_3 的峰点值作为破坏点。如（$\sigma_1 - \sigma_3$）和 σ'_1/σ'_3 均无峰值，应以应力路径的密集点或按一定轴向应变（一般可取 $\varepsilon_1 = 15\%$，经过论证也可根据工程情况选取破坏应变）相应的（$\sigma_1 - \sigma_3$）或 σ'_1/σ'_3 作为破坏强度值。

③ 应按下列规定绘制强度包线。

a. 对于不固结不排水剪试验及固结不排水剪试验，以法向应力 σ 为横坐标，剪应力 τ 为纵坐标，在横坐标上以 $\frac{\sigma_{1f} + \sigma_{3f}}{2}$ 为圆心，$\frac{\sigma_{1f} - \sigma_{3f}}{2}$ 为半径（f 注脚表示破坏时的值），绘制破坏总应力圆后，作诸圆包络线。该包络线的倾角为内摩擦角 φ_u 或 φ_{cu}，包络线在纵轴上的截距为黏聚力 c_u 或 c_{cu}。

b. 在固结不排水剪切中测孔隙压力，则可确定试样破坏时的有效应力。以有效应力 σ' 为横坐标，剪应力为 τ 为纵坐标，在横坐标上以 $\frac{\sigma'_{1f} + \sigma'_{3f}}{2}$ 为圆心，$\frac{\sigma_{1f} - \sigma_{3f}}{2}$ 为半径，绘制不同周围压力下的有效破坏应力圆后，作诸圆包络线，包络线的倾角为有效内摩擦角 φ'，包络线在纵轴上的截距为有效黏聚力 c'。

c. 在排水剪切试验中，孔隙压力等于零，抗剪强度包线的倾角和在纵轴上的截距分别以φ_d和c_d表示。

d. 如各应力圆无规律，难以绘制各圆的强度包线，可按应力路径取值，即以$\dfrac{\sigma_1'-\sigma_3'}{2}\left[\dfrac{(\sigma_1-\sigma_3)}{2}\right]$为纵坐标，$\dfrac{\sigma_1'+\sigma_3'}{2}\left[\dfrac{(\sigma_1+\sigma_3)}{2}\right]$为横坐标，绘制有效应力路径曲线。将每一应力路径的反弯点连成一条直线（如无反弯点，将有效应力路径达相对最大值点连成直线）。根据直线的倾角及在纵坐标上的截距，应按下列公式计算φ'和c'：

$$\varphi' = \sin^{-1}\tan\alpha \tag{11.8}$$

$$c' = \frac{d}{\cos\varphi'} \tag{11.9}$$

式中　α——平均直线的倾角，（°）；

　　　d——平均直线在纵轴上的截距，kPa。

④ 三轴压缩试验记录表（一）～（三）见表11.4、表11.5和表11.6。

探索思考题

（1）与直接剪切试验相比，三轴压缩试验有什么优点？

（2）三轴压缩试验可分为哪三种试验方法，试验操作中有什么不同？

（3）试比较直剪试验和三轴试验中土样的应力状态有什么不同？

表 11.4　三轴压缩试验记录表（一）

任务单号				试验者	
试样编号				计算者	
试样说明				校核者	
试验方法				试验日期	
试样状态				周围压力 σ_3/kPa	
项目	起始值	固结后	剪切后		
直径 D/cm				反压力 u_0/kPa	
高度 h_0/cm				周围压力下的孔隙压力 u/kPa	
面积 A/cm^2				孔隙压力系数 $B=\dfrac{u_0}{\sigma_3}$	
体积 V/cm^3				破坏应变 ε_f/%	
质量 m/g				破坏主应力差$(\sigma_1-\sigma_3)_f$/kPa	
湿密度 ρ/(g/cm^3)				破坏主应力 σ_{1f}/kPa	
干密度 ρ_d/(g/cm^3)				破坏孔隙压力系数$\overline{B_f}=\dfrac{U_f}{\sigma_{3f}}$	
试样含水率				相应的有效大主应力 σ_1'/kPa	
起始值		剪切后		相应的有效小主应力 σ_3'/kPa	
盒号				最大有效主应力比$\left(\dfrac{\sigma_1'}{\sigma_3'}\right)_{\max}$	
盒质量/g					
盒加湿土质量/g				孔隙压应力系数 $A_f=\dfrac{u_{df}}{B(\sigma_1-\sigma_3)_f}$	
湿土质量 m/g					
盒加干土质量/g					
干土质量 m_d/g					
水质量/g					
含水率 w/%					
饱和度 S_r					
试样破坏情况的描述		呈鼓状破坏			
备注					

表 11.5 三轴压缩试验记录表（二）

任务单号		试验者	
试样编号		计算者	
周围压力		校核者	
仪器名称及编号		试验日期	

加反压力过程							固结过程							
时间	周围压力 σ_3/kPa	反压力 u_a/kPa	孔隙压力 u/kPa	孔隙压力增量 Δu	试样体积变化		说明（检验结果）	时间/min	量管		孔隙压力 u		体变管		说明
					读数/cm³	体变量/cm³			读数	排水量/cm³	读数	压力值/kPa	读数/cm³	体变值/cm³	

表 11.6 三轴压缩试验记录表（三）

试样编号		试验者	
试验方法		计算者	
试验日期		校核者	
仪器名称及编号			

周围压力 $\sigma_3 =$ _____ kPa   固结下沉量 $\Delta h =$ _____ cm

剪切应变速率 = _____ mm/min   固结后高度 $h_c =$ _____ cm

测力计率定系数 $C =$ _____ N/0.01mm   固结后面积 $A_c =$ _____ cm²

轴向变形读数 Δh_i /(0.01mm)	轴向应变 $\varepsilon_1 = \dfrac{\Delta h_i}{h_c \times 10}$ /%	试样校正后面积 $A_a = \dfrac{A_c}{1-\varepsilon_1 \times 0.01}$ /cm²	测力计表读数 R /(0.01mm)	主应力差 $(\sigma_1-\sigma_3) = \dfrac{RC}{A_e} \times 10$ /kPa	大主应力 $\sigma_1 = \sigma_3 + (\sigma_1-\sigma_3)$ /kPa	孔隙压力 u		试样体积变化				有效大主应力 σ_1' /kPa	有效小主应力 σ_3' /kPa	有效主应力比 $\dfrac{\sigma_1}{\sigma_3}$	$\dfrac{\sigma_1-\sigma_3}{2}$ /kPa	$\dfrac{\sigma_1+\sigma_3}{2}$ /kPa	$\dfrac{\sigma_1+\sigma_3}{3}$ /kPa
								排水管		体积变化							
						读数	压力值/kPa	读数	排出水量/cm³	读数	体变量/cm³						

无侧限抗压强度试验

无侧限抗压强度为土的单轴抗压强度，是土样在无侧向压力条件下，抵抗轴向应力的极限强度。该试验方法设备简单，操作简便，在工程上应用很广。

工程案例

在上海徐汇区思南路某基坑工程采取的块状土样，土样为上海典型的淤泥质黏土，局部有粉质黏土与贝壳夹层，取土深度为9～10m。土样基本物理特性见表12.1，其中塑限、液限、含水率采用落锥法测得。该土层液限小于50%，属于低塑性黏质土。

表 12.1 淤泥质黏土基本物理特性

土层序号	土层名称	含水率/%	孔隙比	塑限/%	液限/%	塑性指数
④	淤泥质黏土	42.70～52.17	1.20～1.37	25.61～26.00	46.15～49.08	20.15～23.27

对该土层样品进行无侧限抗压强度试验，原状和重塑状态下的无侧限抗压强度 q_{ui} 和 q_{ud} 分别为56.4和12.4。（不排水抗剪强度 c_u 为无侧限抗压强度 q_u 的1/2。）

拟在该地建设某建筑，该建筑物基础宽 $b=3.0$m，基础埋深 $d=1.5$m，偏心距 e 小于或等于0.033倍基础底面宽度。建于淤泥质黏土层上（厚度大于15m），淤泥质黏土层的摩擦角 $\varphi=0$，基础底面上下的软土重度均为18kN/m。

根据《建筑地基基础设计规范》（GB 50007—2011）的5.2.5条，当偏心距 e 小于或等于0.033倍基础底面宽度时，根据土的抗剪强度指标确定地基承载力特征值可按下式计算，并应满足变形要求：

$$f_a = M_b \gamma b + M_d \gamma_m d + M_c c_k$$

式中　　f_a——由土的抗剪强度指标确定的地基承载力特征值；

M_b、M_d、M_c——承载力系数，当 $c_k=0$ 时，分别为0、1.00、3.14；

b——基础底面宽度大于6m时按6m取值，对于砂土小于3m时按3m取值；

γ——基础底面以下土的重度，地下水位以下取浮重度；

γ_m——基础底面以上土的加权平均重度，地下水位以下取浮重度；

d——基础埋置深度，m，一般自室外地面标高算起；

c_k——基底下一倍短边宽深度内土的黏聚力标准值。

（1）请计算淤泥质黏土层的灵敏度？

（2）取 $c_k=0.5q_u$，根据《建筑地基基础设计规范》（GB 50007—2011）的5.2.5条，试

计算该地的地基承载力特征值。

无侧限抗压强度一般用于测定黏性土,特别是饱和黏性土的抗压强度试验及灵敏度。

 试验方法

无侧限抗压试验是三轴压缩试验的一个特例,将试样置于不受侧向限制的条件下进行的强度试验,此时试样小主应力为零,而大主应力的极限值为无侧限抗压强度。其试验方法如图12.1所示。

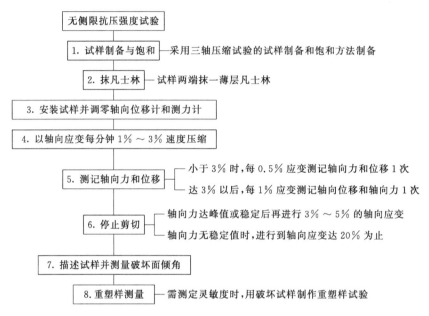

图12.1　无侧限抗压试验流程

 适用范围

适用于饱和软黏土。

 试验要求

试验的加荷方式应为应变控制式。

 注意事项（试验要点）

(1) 试样高度与直径的比值对无侧限抗压强度试验值有很大影响。比值较大的试样,在加荷后往往发生歪斜,得出较小的结果;反之,比值较小时,由于试样两端受加压板的约束,在两端附近各形成锥状的不变形区域,影响试样中心部位的应力分布,故应严格按照规范规定的比值2~2.5。

(2) 重塑土试样尺寸应与原状土尺寸相同,以避免由于试样尺寸不同而产生的误差。

(3) 测定无侧限抗压强度时,要求在试验过程中,试样含水率保持不变。

(4) 当施加轴向荷载后,试样将产生侧向膨胀变形,加压板与试样间的摩擦力限制了试样两端土的侧向膨胀，故试样变成鼓状。为了减少该端面效应的影响，在试样两端抹一薄层凡士林。

（5）在试验中，若不具有峰值及稳定值，则选取破坏值时按应变15%所对应的轴向应力为抗压强度。

（6）天然结构的土经重塑后，它的结构凝聚力已全部消失。但若放置时间较久，又可以恢复一部分。放置时间愈长，恢复程度愈大。所以，试样重塑后应立即进行试验。

12.1 试验原理

无侧限抗压强度是试样在无侧向压力条件下承受轴向压力的极限强度。在无侧限抗压试验中，将试样放置在侧向不受限制的条件下（即小主应力为零）进行的抗压强度试验，大主应力的极限值为无侧限抗压强度。无侧限抗压强度可当作周围压力 $\sigma_3 = 0$ 的三轴试验，由于试样侧面不受限制，这样求得的抗剪强度值比常规三轴不排水抗剪强度值略小。

12.2 试验仪器设备

① 应变控制式无侧限压缩仪（图12.2）：包括负荷传感器或测力计、加压框架及升降螺杆等。应根据土的软硬程度选用不同量程的负荷传感器或测力计。

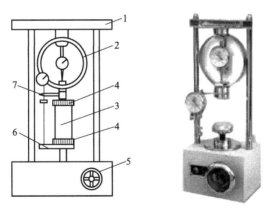

图 12.2　应变控制式无侧限压缩仪示意图
1—轴向加压架；2—轴向测力计；3—试样；4—传压板；5—手轮或电动转轮；
6—升降板；7—轴向位移计

② 位移传感器或位移计（百分表）：量程30mm，分度值0.01mm。

③ 天平：称量1000g，分度值0.1g。

④ 重塑筒筒身应可以拆成两半，内径应为3.5～4.0mm，高应为80mm。

⑤ 其他设备包括秒表、厚约 0.8cm 的铜垫板、卡尺、切土盘、直尺、削土刀、钢丝锯、薄塑料布、凡士林。

12.3 试验操作步骤

★【思考】软土试验时，轴向力达到峰值或稳定时的轴向应变较大，径向应变明显，若不进行平均断面积校正，对试验结果有何影响？

(1) 试样制备与饱和

试样制备采用三轴压缩试验的试样制备和饱和方法进行制备。试样直径可为 3.5～4.0cm。试样高度宜为 8.0cm。

(2) 抹凡士林

将试样两端抹一薄层凡士林，当气候干燥时，试样侧面亦需抹一薄层凡士林防止水分蒸发。

(3) 安装试样并调零轴向位移计和测力计

将试样放在下加压板上，升高下加压板，使试样与上加压板刚好接触。将轴向位移计、轴向测力读数均调至零位。

(4) 以轴向应变每分钟 1%～3% 速度压缩

下加压板宜以每分钟轴向应变为 1%～3% 的速度上升，使试验在 8～10min 内完成。

(5) 测记轴向力和位移

轴向应变小于 3% 时，每 0.5% 应变测记轴向力和位移读数 1 次；轴向应变达 3% 以后，每 1% 应变测记轴向位移和轴向力读数 1 次。

(6) 停止剪切

当轴向力的读数达到峰值或读数达到稳定时，再进行 3%～5% 的轴向应变值即可停止试验；当读数无稳定值时，试验应进行到轴向应变达 20% 为止。

(7) 描述试样并测量破坏面倾角

试验结束后，迅速下降下加压板，取下试样，描述破坏后形状，测量破坏面倾角。

(8) 重塑样测量

当需要测定灵敏度时，立即将破坏后的试样除去涂有凡士林的表面，加入少量切削余土，包于塑料薄膜内用手搓捏，破坏其结构，重塑成圆柱形，放入重塑筒内，用金属垫板，将试样挤成与原状样密度、体积相等的试样。然后按（3）～（7）步进行试验。

12.4 试验成果整理

(1) 试样的轴向应变

应按下式计算：

$$\varepsilon_1 = \frac{\Delta h}{h_0} \times 100 \tag{12.1}$$

(2) 试样的平均断面积

应按下式计算：

$$A_a = \frac{A_0}{1 - 0.01\varepsilon_1} \tag{12.2}$$

(3) 试样所受的轴向应力

应按下式计算：

$$\sigma = \frac{CR}{A_a} \times 10 \tag{12.3}$$

式中　σ——轴向应力，kPa；

　　　C——测力计率定系数，N/0.01mm；

　　　R——测力计读数，0.01mm；

　　　A_a——试样剪切时的面积，cm^2。

(4) 绘制应力应变曲线

以轴向应力为纵坐标，轴向应变为横坐标，绘制应力-应变曲线（图 12.3）。取曲线上的最大轴向应力作为无侧限抗压强度 q_u。最大轴向应力不明显时，取轴向应变为 15% 对应的应力作为无侧限抗压强度 q_u。

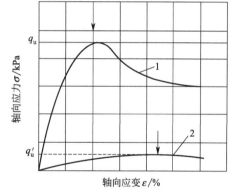

图 12.3　轴向应力与轴向应变关系曲线
1—原状试样；2—重塑试样

(5) 灵敏度

应按下式计算：

$$S_t = \frac{q_u}{q_u'} \tag{12.4}$$

式中　S_t——灵敏度；

　　　q_u——原状试样的无侧限抗压强度，kPa；

　　　q_u'——重塑试样的无侧限抗压强度，kPa。

(6) 无侧限抗压强度试验记录表

见表 12.2。

表 12.2 无侧限抗压强度试验记录表

任务单号		试验者	
试样编号		计算者	
试样编号		校核者	
试样说明		试验日期	
仪器名称及编号			

试验前试样高度 $h_0=$ _____ cm	
试验前试样直径 $D_0=$ _____ cm	
试验前试验面积 $A_0=$ _____ cm^2	
试样质量 $m_0=$ _____ g	
试样湿密度 $\rho=$ _____ g/cm^3	试样破坏情况
轴向变形 $\Delta h=$ _____ 0.01mm	
测力计率定系数 $C=$ _____ N/0.01mm	
原状试样无侧限抗压强度 $q_u=$ _____ kPa	
重塑试样无侧限抗压强度 $q_u'=$ _____ kPa	
灵敏度 $S_t=$ _____	

测力计量表读数 $R/(0.01\text{mm})$	轴向变形 $\Delta h/(0.01\text{mm})$	轴向应变 $\varepsilon_1/\%$	校正后面积 A_s/cm^2	轴向应力 σ/kPa
(1)	(2)	(3)	(4)	$(5)=\dfrac{(1)\times C}{(4)}\times 10$

探索思考题

(1) 什么是土的灵敏度?

(2) 天然结构的土经重塑后,若放置时间较长,对试验结果有何影响?

13

直接剪切试验

直接剪切试验是将几个不同的垂直压力作用于不同的试样上，施加剪切力，测得剪应力与位移的关系曲线，从曲线上找出试样的极限剪应力作为试样在该垂直压力下的抗剪强度。通过几个试样的抗剪强度确定强度包络线，求出抗剪强度参数 c、φ。

工程案例

直接剪切试验试验方法简单，操作方便而广泛应用。但是直剪仪由于其仪器构造特点决定其无法使土样完全封闭，这就造成无论剪切速度多快，孔隙水总会沿着土样和环刀之间的缝隙流失，因此不能严格保证其剪切过程中的排水条件，也不能量测试样内孔隙水压力的变化。某东部沿海地区淤泥质黏土和粉土的直剪固结快剪试验和三轴固结不排水剪试验试验结果显示两者存在较大差异（见图 13.1）。

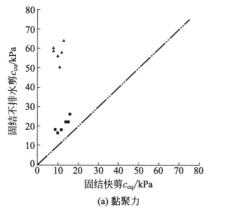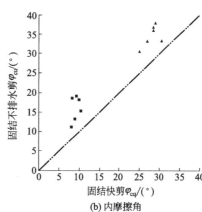

图 13.1　直剪固结快剪和三轴固结不排水剪剪切强度交会图
■——淤泥质黏土；▲——粉土；·—·—·—参照线

上海某建筑采用条形基础，基础宽 1.5m，基础埋深 1.0m，荷载设计值为 160kN/m。地基为厚达 10m 的粉砂。取土样 6 件，均为灰色粉砂，同时进行了三轴固结不排水剪试验和直剪固结快剪试验。直剪固结快剪试验黏聚力平均值为 8kPa，内摩擦角平均值为 31°；三轴固结不排水试验黏聚力平均值为 66kPa，内摩擦角平均值为 36°；粉砂重度为 18kN/m³。

根据上海市《地基基础设计规范》（DGJ08-11—2017），地基承载力设计值 f_d 的计算主要是沿用了 Hansen 公式。具体算法如下：

$$f_d = 0.5\psi N_\gamma \zeta_\gamma \gamma b + \psi N_c \zeta_c c_d + N_q \zeta_q \gamma_0 d$$

式中　N_γ、N_q、N_c——承载力系数，内摩擦角设计值 $\varphi_d = 21$ 时分别为 3.5、2.46、15.82，
　　　　　　　　　当 $\varphi_d = 24$ 时分别为 5.74、2.65、19.32；

　　　ζ_γ、ζ_c、ζ_q——基础形状系数，当为条形基础时，$\zeta_\gamma = \zeta_c = \zeta_q = 1$；

　　　　　　ψ——地基承载力修正系数，$\varphi_d = 21$ 和 24 时分别为 1.23 和 1.3；

　　　γ、γ_0——基础底面以下土的重度和基础底面以上土的加权平均重度；

　　　　　　b——基础宽度，大于 6 时用 6m 计算；

　　　　　　d——基础埋置深度。

地基土抗剪强度指标设计值 c_d、φ_d，由下式确定：

$$c_d = \frac{\lambda c_k}{\gamma_c}$$

$$\varphi_d = \frac{\lambda \varphi_k}{\gamma_\varphi}$$

式中　c_k、φ_k——土的抗剪强度标准值，取直剪固快峰值强度指标平均值；

　　　　　λ——抗剪强度指标修正系数，取 0.8；

　　　γ_c、γ_φ——土的黏聚力与内摩擦角的分项系数，分别取 2.7 和 1.2。

（1）请计算该地基的地基承载力设计值 f_d，判断地基承载力是否满足要求？

（2）假设设计人员误采用三轴固结不排水剪试验的抗剪强度参数进行计算，请问由此产生的地基承载力设计值偏差有多大？

试验目的

直接剪切试验的主要目的在于测定土体抗剪强度的大小，从而获得反映抗剪强度特征的 c 值和 φ 值。在高土石坝心墙防裂与抗震、重型厂房的建设、边坡和基坑的稳定性分析等工程中有着广泛的应用。

试验方法

根据试样在荷重作用下压缩和受剪时的排水条件的不同，直接剪切试验分快剪、固结快剪和慢剪三种试验方法。

(1) 快剪试验

快剪试验是在试样上施加垂直压力后，立即剪切。剪切过程中不允许排水。又称为不固结不排水剪。适用于渗透系数小于 10^{-6} cm/s 的细粒土。

快剪试验可分为试样制备（图 13.2）和试样剪切（图 13.3）两个环节。

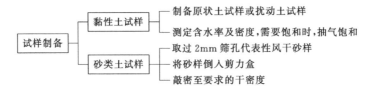

图 13.2　试样制备流程

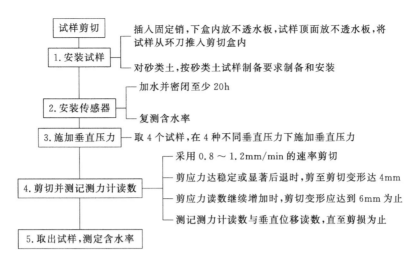

图 13.3 试样剪切流程

(2) 固结快剪试验

固结快剪试验是在试样上施加垂直压力，待其排水固结后再进行剪切，且剪切过程中不允许排水，又称为固结不排水剪。适用于渗透系数小于 $10^{-6}\mathrm{cm/s}$ 的细粒土。试验流程见图 13.4。

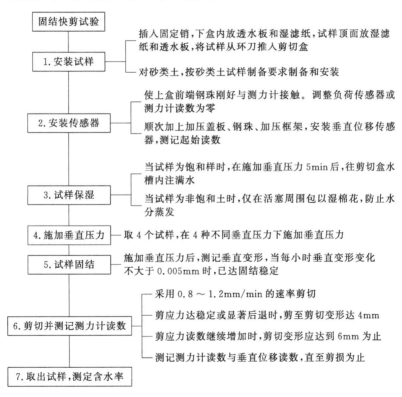

图 13.4 固结快剪试验流程

(3) 慢剪试验

慢剪试验是在试样上施加垂直压力及剪切的过程中均使试样排水固结，又称为固结排水剪。试验流程见图 13.5。

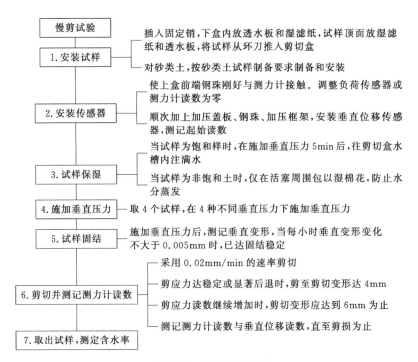

图 13.5　慢剪试验流程

📖 适用范围

快剪试验和固结快剪试验的土样宜为渗透系数小于 1×10^{-6} cm/s 的细粒土。适用范围见图 13.6。

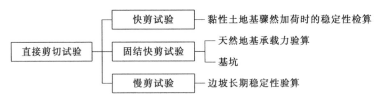

图 13.6　直接剪切试验流程

📝 注意事项（试验要点）

（1）开始剪切前，应检查销钉是否拔出，拔下销钉后再进行剪切，不仅试样报废，还会损坏仪器。

（2）在垂向加荷前，应将杠杆调平；在垂向加荷时，不要摇晃砝码。

13.1 试验原理

直接剪切试验将同一种土制备成四个试样，对四个试样分别在不同的法向压力 σ 下，施加水平剪力进行剪切，测得剪切破坏时的剪应力 τ，然后根据库仑定律确定土的抗剪强度指

标黏聚力 c 和内摩擦角 φ 值。本试验方法适用于细粒土。

根据试样在荷重作用下压缩和受剪时排水条件的不同，直接剪切试验分快剪、固结快剪和慢剪三种试验方法。

① 快剪试验是在试样上施加垂直压力后，立即剪切。剪切过程中不允许排水，又称为不固结不排水剪。适用于渗透系数小于 10^{-6} cm/s 的细粒土。

② 固结快剪试验是在试样上施加垂直压力，待其排水固结后再进行剪切，且剪切过程中不允许排水，又称为固结不排水剪。适用于渗透系数小于 10^{-6} cm/s 的细粒土。

③ 慢剪试验是在试样上施加垂直压力及剪切的过程中均使试样排水固结，又称为固结排水剪。

13.2 试验仪器设备

① 应变控制式直剪仪（图 13.7）：包括剪切盒（水槽、上剪切盒、下剪切盒），垂直加压框架，负荷传感器或测力计及推动机构等，其技术条件应符合现行国家标准《岩土工程仪器基本参数及通用技术条件》（GB/T 15406）的规定。

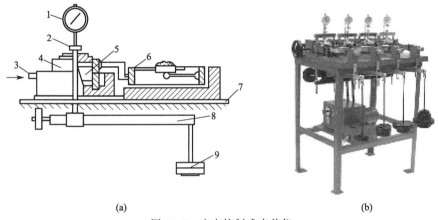

(a) (b)

图 13.7 应变控制式直剪仪
1—垂直变形百分表；2—垂直加压框架；3—推动座；4—剪切盒；
5—试样；6—测力计；7—台板；8—杠杆；9—砝码

② 位移传感器或位移计（百分表）：量程 5～10mm，分度值 0.01mm。

③ 天平：称量 500g，分度值 0.1g。

④ 环刀：内径 6.18cm，高 2cm。

⑤ 其他：饱和器、削土刀或钢丝锯、秒表、滤纸、直尺。

13.3 试验操作步骤

★【思考】在直剪试验中，排水条件和固结条件是如何控制的？施加垂直压力后，应对杠杆调平，若不调平，对试验结果有何影响？

(1) 试样制备

① 黏性土试样制备。

a. 制备原状土试样或扰动土试样。从原状土样中切取原状土试样或制备给定干密度及含水率的扰动土试样。

b. 测定含水率及密度。测定试样的含水率及密度。对于试样需要饱和时，进行抽气饱和。

② 砂类土试样制备。

a. 取过 2mm 筛孔代表性风干砂样。取过 2mm 筛孔的代表性风干砂样 1200g 备用。按要求的干密度称每个试样所需风干砂量，准确至 0.1g。

b. 将砂样倒入剪力盒。对准上下盒，插入固定销，将洁净的透水板放入剪切盒内，将准备好的砂样倒入剪力盒内。

c. 敲密至要求的干密度。拂平砂样表面，放上一块硬木块，用手轻轻敲打，使试样达到要求的干密度，然后取出硬木块。

(2) 快剪试验

① 安装试样。对准上下盒，插入固定销。在下盒内放不透水板。将装有试样的环刀平口向下，对准剪切盒口，在试样顶面放不透水板，然后将试样徐徐推入剪切盒内，移去环刀。对砂类土，按砂类土试样制备要求制备和安装试样。

② 安装传感器。转动手轮，使上盒前端钢珠刚好与负荷传感器或测力计接触。调整负荷传感器或测力计读数为零。顺次加上加压盖板、钢珠、加压框架，安装垂直位移传感器或位移计，测记起始读数。

③ 施加垂直压力。按每组试验应取 4 个试样，在 4 种不同垂直压力下施加垂直压力。可根据工程实际和土的软硬程度施加各级垂直压力，垂直压力的各级差值要大致相等。也可取垂直压力分别为 100kPa、200kPa、300kPa、400kPa，各个垂直压力可一次轻轻施加，若土质松软，也可分级施加以防试样挤出。

④ 以 0.8～1.2mm/min 的速率剪切，并测记测力计读数。施加垂直压力后，立即拔去固定销。开动秒表，宜采用 0.8～1.2mm/min 的速率剪切，每分钟 4～6 转的均匀速度旋转手轮，使试样在 3～5min 内剪损。当剪应力的读数达到稳定或有显著后退时，表示试样已剪损，宜剪至剪切变形达到 4mm。当剪应力读数继续增加时，剪切变形应达到 6mm 为止，手轮每转一转，同时测记负荷传感器或测力计读数并根据需要测记垂直位移读数，直至剪损为止。

⑤ 取出试样，测定含水率。剪切结束后，吸去剪切盒中积水，倒转手轮，移去垂直压力、框架、钢珠、加压盖板等，取出试样。需要时，测定剪切面附近土的含水率。

(3) 固结快剪试验

① 安装试样。同（2）快剪试验操作步骤①。

② 安装传感器。同（2）快剪试验操作步骤②。

③ 试样保湿。当试样为饱和样时，在施加垂直压力 5min 后，往剪切盒水槽内注满水；当试样为非饱和土时，仅在活塞周围包以湿棉花，防止水分蒸发。

④ 施加垂直压力。同（2）快剪试验操作步骤③。

⑤ 试样固结。在试样上施加规定的垂直压力后，测记垂直变形读数。当每小时垂直变形读数变化不大于 0.005mm 时，认为已达到固结稳定。试样也可在其他仪器上固结，然后移至剪切盒内，继续固结至稳定后，再进行剪切。

⑥ 剪切并测记测力计读数。同（2）快剪试验操作步骤④。

⑦ 取出试样，测定含水率。同（2）快剪试验操作步骤⑤。

(4) 慢剪试验

① 安装试样。同（3）固结快剪试验操作步骤①。

② 安装传感器。同（3）固结快剪试验操作步骤②。

③ 试样保湿。同（3）固结快剪试验操作步骤③。

④ 施加垂直压力。同（3）固结快剪试验操作步骤④。

⑤ 试样固结。同（3）固结快剪试验操作步骤⑤。

⑥ 剪切并测记测力计读数。试样达到固结稳定后，施加垂直压力后，立即拔去固定销。开动秒表，采用 0.02mm/min 的速率剪切。剪切破坏时间可按下式估算：

$$t_{\rm f} = 50 t_{50} \tag{13.1}$$

式中　$t_{\rm f}$——达到破坏所经历的时间，min；

　　　t_{50}——固结度达到 50% 的时间，min。

当剪应力的读数达到稳定或有显著后退时，表示试样已剪损，宜剪至剪切变形达到 4mm。当剪应力读数继续增加时，剪切变形应达到 6mm 为止。手轮每转一转，同时测记负荷传感器或测力计读数并根据需要测记垂直位移读数，直至剪损为止。

⑦ 取出试样，测定含水率。同（3）固结快剪试验操作步骤⑦。

13.4　试验成果整理

① 试样的剪应力应按下式计算：

$$\tau = \frac{CR}{A_0} \times 10 \tag{13.2}$$

式中　τ——剪应力，kPa；

　　　C——测力计率定系数，N/0.01mm；

　　　R——测力计读数，0.01mm；

　　　A_0——试样初始的面积，cm²。

② 以剪应力为纵坐标，剪切位移为横坐标，绘制剪应力 τ 与剪切位移 ΔL 关系曲线。

③ 选取剪应力 τ 与剪切位移 ΔL 关系曲线上的峰值点或稳定值作为抗剪强度 S。当无明显峰点时，取剪切位移 $\Delta L = 4$mm 对应的剪应力作为抗剪强度 S。

④ 以抗剪强度 s 为纵坐标，垂直单位压力 p 为横坐标，绘制抗剪强度 S 与垂直压力 p 的关系曲线。根据图上各点，绘一近似的直线。直线的倾角为土的内摩擦角 φ，直线在纵坐标轴上的截距为土的黏聚力 c。各种试验方法所测得的 c、φ 值，快剪试验应表示为 $c_{\rm q}$ 及 $\varphi_{\rm q}$；固结快剪试验应表示为 $c_{\rm cq}$ 及 $\varphi_{\rm cq}$；慢剪试验应表示为 $c_{\rm s}$ 及 $\varphi_{\rm s}$。

⑤ 直接剪切试样记录表（一）、（二）见表 13.1 和表 13.2。

表 13.1 　直接剪切试样记录表（一）

任务单号				试验者										
试样编号				计算者										
试样说明				校核者										
试验日期				仪器名称及编号										

试样编号			1			2			3			4		
			起始	饱和后	剪后	起始	饱和后	剪后	起始	饱和后	剪后	起始	饱和后	剪后
湿密度 $\rho/(g/cm^3)$	(1)	(1)												
含水率 $w/\%$	(2)	(2)												
干密度 $\rho_d/(g/cm^3)$	(3)	$\dfrac{(1)}{1+0.01\times(2)}$												
孔隙比 e	(4)	$\dfrac{G_s}{(3)}-1$												
饱和度 $S_r/\%$	(5)	$\dfrac{G_s\times(2)}{(4)}$												

表 13.2 　直接剪切试样记录表（二）

任务单号		计算者	
试样编号		校核者	
试验方法		试验者	
		试验日期	
试样编号		剪切前固结时间/min	
仪器名称及编号		剪切前压缩量/mm	
垂直压力 p/kPa		剪切历时/min	
测力计率定系数 $C/(N/0.01mm)$		抗剪强度 S/kPa	

手轮转数/转	测力计读数 $R/(0.01mm)$	剪切位移 $\Delta l/(0.01mm)$	剪应力 τ/kPa	垂直位移/(0.01mm)
(1)	(2)	(3)=(1)×20－(2)	$(4)=\dfrac{(2)\times C}{A_0}\times10$	
1				
2				
3				
4				
5				
6				
7				
8				
9				
10				
11				
12				
⋮				
32				

探索思考题

（1）直剪试验有几种试验方法？这些试验方法的适用条件是什么？

（2）请简述直剪试验的优点和缺点各是什么？

14

土的静止侧压力系数试验

静止侧压力系数是土体在无侧向变形条件下，有效侧向应力与有效轴向应力之比。土的静止侧压力系数试验是排水试验，在试验过程中，提供侧向应力的受压室的阀门关闭，液体密闭在受压室中，当增大轴向压力时，由于保持试样侧向不允许变形，受压室中的液体压力也增大。随着排水固结的过程，总应力逐渐转换为有效应力。侧向应力与轴向压力有效应力的比值即为土的静止侧压力系数。

📖 工程案例

地下车库的墙体，因有楼盖结构或楼盖和内横墙的约束，在土压力作用下，基本上不发生侧向移动，更不可能发生转动，而保持原位置，墙后填土没有侧向变形，故地下车库的外墙承受的土压力宜取静止土压力按《全国民用建筑工程设计技术措施》（结构分册）第2.6.2条的规定：地下室侧墙承受的土压力宜取静止土压力。

某地下车库的墙体（图14.1）墙高4.0m，墙背垂直光滑，墙后填土面水平，填土重力密度 $\gamma = 18.0\text{kN/m}^3$，静止土压力系数 $K_0 = 0.65$。

墙顶的静止土压力强度为：$\sigma_{01} = \gamma z k_0 = 18.0 \times 0 \times 0.65 = 0\text{kPa}$

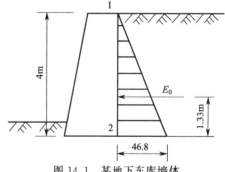

图14.1　某地下车库墙体

墙底的静止土压力强度为：$\sigma_{02} = \gamma z k_0 = 18.0 \times 4 \times 0.65 = 46.8\text{kPa}$

静止土压力为：$E_0 = \frac{1}{2} K_0 \gamma H^2 = \frac{1}{2} \times 0.65 \times 18.0 \times 4^2 = 93.6\text{kN/m}$

假设本案例中的静止土压力系数测量存在较大误差，而你的试验试样是从该地下车库墙后采取的，试根据你的试验结果，重新计算作用在墙背的静止土压力大小。

📖 试验目的

静止侧应力系数主要用于确定天然土层的水平向应力以及挡土墙结构物在静止状态水平向应力的计算。

📖 试验方法

土的静止侧压力系数试验根据试样的类型不同，试验方法也不同。

(1) 黏土试样的静止侧压力试验 (图 14.2)

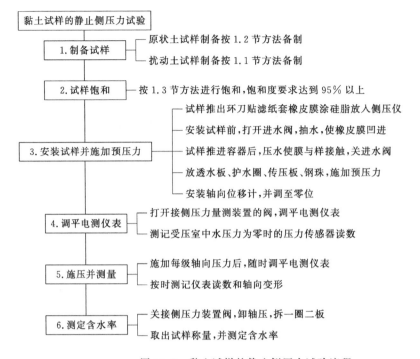

图 14.2 黏土试样的静止侧压力试验流程

(2) 砂质土的静止侧压力试验 (图 14.3)

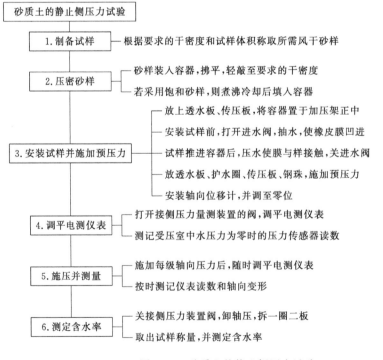

图 14.3 砂质土的静止侧压力试验

适用于饱和的黏土或砂质土。

试样变形稳定标准为每小时变形不应大于 0.01mm。

注意事项（试验要点）

（1）侧压力仪用压力传感器应定期标定，测得电压或电阻与压力之间的关系，求得标定系数。

（2）用侧压力仪测定静止侧压力系数，试样的径高比宜用 1。

14.1 试验原理

静止侧压力系数是土体在无侧向变形条件下，有效侧向应力与有效轴向应力之比。土的静止侧压力系数试验是排水试验，在试验过程中，提供侧向应力的受压室的阀门关闭，液体密闭在受压室中，当增大轴向压力时，由于保持试样侧向不允许变形，受压室中的液体压力也增大。随着排水固结的过程，总应力逐渐转换为有效应力。侧向应力与轴向压力有效应力的比值即为土的静止侧压力系数。

静止侧压力系数用于确定天然土层的水平向应力以及挡土墙结构物在静止状态水平向应力的计算。

14.2 试验仪器设备

① 侧压力仪（图 14.4）。

② 轴向加压设备分为杠杆式或磅秤式，最大负荷 5kN。

③ 周围压力量测设备包括压力传感器，最大允许误差应为 ±0.5% F.S，测量装置或三轴压缩仪的测压板。

④ 切土环刀：内径 61.8mm，高度 40mm。

⑤ 校正样块：内径 61.8mm，高度 100mm。

⑥ 其他设备：饱和器、推样器、硅脂。

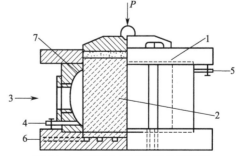

图 14.4 侧压力仪试验装置示意图

1—侧压仪容器；2—试样；3—接压力传递系统；
4—进水孔；5—排气孔阀；6—固结排水孔；
7—O 形圈

14

土的静止侧压力系数试验

14.3 试验操作步骤

★【思考】为什么要在试样侧面贴上滤纸条？如何保证试验不发生侧向变形？

14.3.1 黏土试样的静止侧压力试验

(1) 制备试样

试样分原状土和扰动土两类，原状土试样制备按 1.2 节方法制备；扰动土试样备制按 1.1 节方法制备。

(2) 试样饱和

将带有环刀的试样装入框式饱和器内，按 1.3 节方法进行饱和，饱和度要求达到 95% 以上。

(3) 安装试样并施加预压力

将试样推出环刀，贴上滤纸条，套上橡皮膜并涂薄层硅脂，放入侧压仪容器内。安装试样前，打开进水阀，用调压筒抽出密闭受压室中的部分水，使橡皮膜凹进，试样推进容器后，再将抽出的水压回受压室，使试样与橡皮膜紧密接触，关进水阀。放上透水板、护水圈、传压板、钢珠。将容器置于加压框架正中，施加 1kPa 预压力。安装轴向位移计，并调至零位。

(4) 调平电测仪表

打开接侧压力量测装置的阀，调平电测仪表。测记受压室中水压力为零时的压力传感器读数（用三轴压缩仪的测压板测定受压室压力时，则调整零位指示器内水银面于指示线处，并测定压力表初始读数）。

(5) 施压并测量

施加轴向压力。压力等级应按 25kPa、50kPa、100kPa、200kPa、400kPa 施加。施加每级轴向压力后，随时调平电测仪表，应按 0.5min、1min、4min、9min、16min、25min、36min、49min 测记仪表读数和轴向变形，当用测压板测定受压室压力时，则随时调节调压筒，使零位指示器内水银面保持初始位置，按上述时间间隔测定压力表读数，直至变形稳定后再加下一级轴向压力。

(6) 测定含水率

试验结束后，关接侧压力装置阀，卸去轴向压力，拆除护水圈、传压板及透水板等。取出试样称量，并测定含水率。

14.3.2　砂质土的静止侧压力试验

(1) 取代表性试样

根据要求的干密度和试样体积称取所需的风干砂样，准确至 0.1g。

(2) 压密砂样

将砂样装入容器中，拂平表面，放上一块硬木块，用手轻轻敲打，使试样达到要求的干密度，然后取下硬木块。若采用饱和砂样，则将干砂放入水中煮沸，冷却后填入容器。

(3) 安装试样

试样填好后，放上透水板、传压板，将容器置于加压架正中，按黏土试样的静止侧压力试验 (3)～(6) 步骤操作。

14.4 试验成果整理

(1) 周围压力

应按下式计算：

$$\sigma_3' = C'(R_d - R_{d0}) \tag{14.1}$$

式中　σ_3'——密封受压室的水压力即侧向有效应力，kPa；

C'——压力传感器比例常数，kPa/mV；

R_d——试样竖向变形稳定时电测仪表读数，mV；

R_{d0}——周围压力等于零时，电测仪表的初读数，mV。

(2) 绘制 σ_1'-σ_3' 关系曲线

以有效轴向压力为横坐标，有效周围压力为纵坐标，绘制 σ_1'-σ_3' 关系曲线，其斜率为静止侧压力系数，即 $K_0 = \sigma_3'/\sigma_1'$。

(3) 静止侧压力系数试验记录表

见表 14.1。

表 14.1　静止侧压力系数试验记录表

1. 含水率 w _____ %			
任务单号		试验者	
试样编号		计算者	
试验日期		校核者	
仪器名称及编号			

项目	试验前		试验后	
	(1)	(2)	(1)	(2)
盒号				
湿土加盒质量/g				
干土加盒质量/g				
盒质量/g				
含水率 w/%				
平均含水率 $\overline{w}$/%				

2. 密度 ρ _____ g/cm^3

项目	试验前	试验后
试样面积 A/cm^2		
试样高度 h/cm		
试样体积 V/cm^3		
试样质量 m_0/g		
试样密度 ρ/(g/cm^3)		
孔隙比 e		
试样描述		

3. K_0 试验

电测仪表初始读数 R_0 = _____ $\mu\varepsilon$(mV)

压力传感器比例常数 C' = _____ kPa/$\mu\varepsilon$(mV)

轴向压力 = _____ kPa

经过时间 t/min	轴向变形 Δh/(0.01mm)	电测仪表读数 R_d/($\mu\varepsilon$,mV)	读数变化值 $(R_d - R_{d0})$/($\mu\varepsilon$,mV)	周围压力 σ_3'/kPa

探索思考题

(1) 土的静止侧压力系数与土的哪些性质有关?

(2) 怎样用土的静止侧压力系数?

15

载荷试验

 工程案例

　　某工程地上为 12 层，主体为框剪结构。工程独立基础底部设计持力层为泥岩，灰黄色，强风化，泥质结构，层状构造，岩质软，遇水易软化，风干易裂，节理裂隙较发育，冲击进尺慢，送水钻进快，岩芯呈柱状，采取率中等。

　　该工程独立基础底部设计持力层为泥岩，设计地基承载力特征值为 350kPa，地基承载力试验荷载 700kPa，应委托方要求，检测方采用浅层平板载荷试验进行检测，以确定承压板应力影响范围内土层的承载力是否满足设计要求。试验过程简述如下。

　　1#试验点：当试验荷载加至 700kPa 历时 120min，观测承压板沉降已达到稳定标准，其最大加载压力已经等于或大于设计数值的 2 倍，故终止加荷。此时承压板顶的总沉降值为 3.95mm，然后分级卸荷至零，承压板顶回弹值为 1.99mm，残余沉降值为 1.96mm。压力-沉降曲线为缓变型曲线，s/b 等于 0.01，所对应的压力大于最大加载压力的一半，故本试验点的承载力特征值，实际应该是最大加载压力的一半即 350kPa。

　　2#试验点：当试验荷载加至 700kPa 历时 120min 观测，承压板沉降已达到稳定标准，其最大加载压力已经等于或大于设计数值的 2 倍，故终止加荷。此时承压板顶的总沉降值为 3.00mm，然后分级卸荷至零，回弹值为 1.42mm，残余沉降值为 1.58mm。压力-沉降曲线为缓变型曲线，s/b 等于 0.01，所对应的压力大于最大加载压力的一半，故本试验点的承载力特征值实际应该是最大加载压力的一半即 350kPa。

　　3#试验点：当试验荷载加至 700kPa 历时 360min 观测，承压板沉降已达到稳定标准，其最大加载压力，已经等于或大于设计数值的 2 倍，故终止加荷。此时承压板顶的总沉降值为 6.19mm，然后分级卸荷至零承压板顶回弹值为 3.42mm，残余沉降值为 2.77mm。压力-沉降曲线为缓变型曲线，s/b 等于 0.01，所对应的压力大于最大加载压力的一半，故本试验点的承载力特征值实际应该是最大加载压力的一半即 350kPa。

　　★ **【思考】**① 地基承载力特征值如何确定？
　　　　　　② 现场做的载荷试验 1#、2#、3#点符合设计要求吗？是否代表该点处地基符合设计要求以及是否代表其他点都符合设计要求？

 试验目的

　　载荷试验主要测定地基的承载力和变形参数，为设计提供依据并检验检测地基的承载能力。

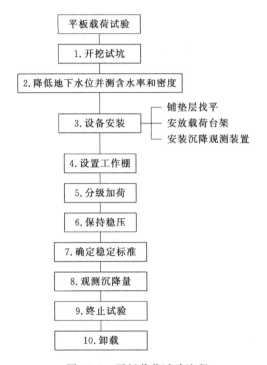 试验方法

载荷试验方法可用于测定承压板下应力主要影响范围内岩土的承载力和变形模量，包括平板载荷试验和螺旋板载荷试验。本书仅对平板载荷试验进行讲解。平板载荷试验的试验方法见图 15.1。

```
        ┌─────────────┐
        │  平板载荷试验  │
        └──────┬──────┘
        ┌──────┴──────┐
        │ 1.开挖试坑    │
        └──────┬──────┘
  ┌─────────────────────────┐
  │ 2.降低地下水位并测含水率和密度 │
  └────────────┬────────────┘
        ┌──────┴──────┐      ┌─ 铺垫层找平
        │ 3.设备安装    │──────┼─ 安放载荷台架
        └──────┬──────┘      └─ 安装沉降观测装置
        ┌──────┴──────┐
        │ 4.设置工作棚  │
        └──────┬──────┘
        ┌──────┴──────┐
        │ 5.分级加荷    │
        └──────┬──────┘
        ┌──────┴──────┐
        │ 6.保持稳压    │
        └──────┬──────┘
        ┌──────┴──────┐
        │ 7.确定稳定标准 │
        └──────┬──────┘
        ┌──────┴──────┐
        │ 8.观测沉降量  │
        └──────┬──────┘
        ┌──────┴──────┐
        │ 9.终止试验    │
        └──────┬──────┘
        ┌──────┴──────┐
        │ 10.卸载      │
        └─────────────┘
```

图 15.1　平板载荷试验流程

适用范围

平板载荷试验方法适用于各类地基土。它所反映的相当于承压板下 1.5～2.0 倍承压板直径或宽度的深度范围内地基土的强度、变形的综合性状。浅层平板载荷试验适用于浅层地基土，深层平板载荷试验适用于试验深度不小于 5m 的深层地基土和大直径桩的桩端土。

试验要求

每个场地试验点不宜少于 3 个，土体不均匀时，应适当增加试验点。

注意事项

① 载荷试验应布置在有代表性的地点，每个场地不宜少于 3 个，当场地内岩土体不均时，应适当增加。浅层平板载荷试验应布置在基础底面标高处。

② 工程验收检测的地基土载荷试验最大加载量不应小于设计承载力特征值的 2 倍，为设计提供依据的载荷试验应加载至破坏。

③ 地基载荷试验的加载方式可分为慢速维持荷载法和快速维持荷载法，提供变形模量或为设计提供依据的载荷试验应采用慢速维持荷载法。快速维持荷载法一般可用于工程试桩。

15.1 试验原理

所谓浅层平板载荷试验就是在拟建建筑物场地上将一定尺寸和几何形状（圆形或方形）的刚性板安放在被测的地基持力层上逐级增加荷载并测得每一级荷载下的稳定沉降直至达到地基破坏标准，由此可得到荷载（p）-沉降（s）曲线（即 p-s 曲线）。

15.2 试验仪器设备

（1）承压板：平板载荷试验一般采用圆形或正方形钢质板，也可采用现浇或预制混凝土板，应具有足够的刚度。土的浅层平板载荷试验承压板的面积不应小于 $0.25m^2$，对于软土和粒径较大的填土，不应小于 $0.50m^2$；对于含碎石的土类，承压板宽度应为最大碎石直径的 $10\sim20$ 倍，加固后复合地基宜采用大型载荷试验。土的深层平板载荷试验承压板面积宜选用 $0.5m^2$，紧靠承压板周围外侧的土层高度不应少于 80cm。

（2）加荷装置：包括压力源、载荷台架或反力构架。

① 压力源：可用液压装置或重物，出力最大允许误差为 $\pm1\%$F.S；安全过负荷率应大于 120%；

② 载荷台架或反力构架：必须牢固稳定、安全可靠，其承受能力不小于试验最大荷载的 $1.5\sim2.0$ 倍；

③ 沉降观测装置：其组合必须牢固稳定、调节方便。位移仪表可采用大量程百分表或位移传感器等，其量测最大允许误差应为 $\pm1\%$F.S。

15.3 试验操作步骤

★【思考】土的浅层平板载荷试验时对承压板的面积有要求，为什么？

(1) 开挖试坑

在有代表性的地点，整平场地，开挖试坑。浅层平板载荷试验的试坑宽度不应小于承压板直径或宽度的 3 倍，深层平板载荷试验的试井直径应等于承压板直径，当试井直径大于承压板直径时，紧靠承压板周围土的高度不应小于承压板直径。

(2) 降低地下水位并测含水率和密度

试验前应保持试坑或试井底的土层避免扰动，在开挖试坑及安装设备中，应将坑内地下水位降至坑底以下，并防止因降低地下水位而可能产生破坏土体的现象。试验前应在试坑边取原状土样 2 个，以测定土的含水率和密度。

(3) 设备安装

设备安装应符合图 15.2、图 15.3 的要求。

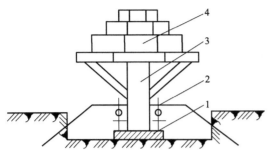 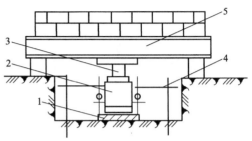

图 15.2　重物式装置示意图
1—承压板；2—沉降观测装置；
3—载荷台架；4—重物

图 15.3　反力式装置示意图
1—承压板；2—加荷千斤顶；3—荷重传感器；
4—沉降观测装置；5—反力装置

① 铺垫层找平。安装承压板前应整平试坑面，铺设不超过 20cm 厚的中砂垫层找平，使承压板与试验面平整接触，并尽快安装设备。

② 安放载荷台架。安放载荷台架或加荷千斤顶反力构架，其中心应与承压板中心一致。当调整反力构架时，应避免对承压板施加压力。

③ 安装沉降观测装置。安装沉降观测装置其固定点应设在不受变形影响的位置处。沉降观测点应对称设置。

(4) 设置工作棚

试验点避免冰冻、暴晒、雨淋，必要时设置工作棚。

(5) 分级加荷

载荷试验加荷方式应采用分级维持荷载沉降相对稳定法（常规慢速法），有地区经验时，可采用分级加荷沉降非稳定法（快速法）或等沉降速率法。加荷等级宜取 10～12 级，并不应少于 8 级，最大加载量不应小于设计要求的 2 倍，载荷量测最大允许误差应为 $\pm 1\%$ F.S.。每级荷载增量一般取预估试验土层极限压力的 1/10～1/12，当不易预估其极限压力时，可参考表 15.1 所列增量选用。

表 15.1　荷载增量　　　　　　　　　　　　　　　　　　　　单位：kPa

试验土层特征	荷载增量
淤泥、流塑状黏质土、饱和或松散的粉细砂	≤15
软塑状黏质土、疏松的黄土、稍密的粉细砂	15～25
可塑～硬塑状黏质土、一般黄土、中密～密实的粉细砂	25～100
坚硬的黏质土、中粗砂、碎石类土、软质岩石	50～200

(6) 保持稳压

每级荷载作用下都必须保持稳压，由于地基土的沉降和设备变形等都会引起荷载的减小，试验中应随时观察压力变化，使所加的荷载保持稳定。

(7) 确定稳定标准

稳定标准可采用相对稳定法，即每施加一级荷载，待沉降速率达到相对稳定后再加下一级荷载。

(8) 观测沉降量

应按时、准确观测沉降量。每级荷载下观测沉降的时间间隔一般采用下列标准：对于慢速法，每级荷载施加后，间隔 5min、5min、10min、10min、15min、15min 测读 1 次沉降，以后每隔 30min 测读 1 次沉降，当连续 2 小时每小时沉降量不大于 0.1mm 时，可以认为沉降已达到相对稳定标准，施加下一级荷载。

(9) 终止试验

试验宜进行至试验土层达到破坏阶段终止。当出现下列情况之一时，即可终止试验，前三种情况其所对应的前一级荷载即为极限荷载：

① 承压板周围土出现明显侧向挤出，周边土体出现明显隆起和裂缝；

② 本级荷载沉降量大于前级荷载沉降量的 5 倍，荷载-沉降曲线出现明显陡降段；

③ 在本级荷载下，持续 24h 沉降速率不能达到相对稳定值；

④ 总沉降量超过承压板直径或宽度的 6%；

⑤ 当达不到极限荷载时，最大压力应达预期设计压力的 2.0 倍或超过第一拐点至少三级荷载。

(10) 卸载

当需要卸载观测回弹时，每级卸载量可为加载增量的 2 倍，每卸一级荷载后，间隔 15min 观测一次，1h 后再卸第二级荷载，荷载卸完后继续观测 3h。

(11) 深层平板载荷试验终止条件

对于深层平板载荷试验，加荷等级可按预估承载力的 1/15～1/10 分级施加，当出现下列情况之一时，可终止加荷：

① 在本级荷载下，沉降急剧增加，荷载-沉降曲线出现明显的陡降段，且沉降量超过承压板直径的 4%；

② 在本级荷载下，持续 24h 沉降速率不能达到相对稳定值；

③ 总沉降量超过承压板直径或宽度的 6%；

④ 当持力层土层坚硬，沉降量很小时，最大加载量不应小于设计要求的 2.0 倍。

15.4 试验成果整理

① 对原始数据检查、校对后，整理出荷载与沉降值、时间与沉降值汇总表。

② 绘制 p-s 曲线（图 15.4），必要时绘制 s-t 曲线或 s-$\lg t$ 曲线，如果 p-s 曲线的直线段延长不经过（0，0）点，应采用图解法或最小二乘法进行修正。p 坐标单位为 kPa，s 坐标单位为 mm。

③ 特征值的确定应符合下列规定：

a. 当曲线具有明显直线段及转折点时，以转折点所对应的荷载定为比例界限压力和极限压力；

b. 当曲线无明显直线段及转折点时，可按本试验步骤（9）所列情况确定极限荷载值，或取对应于某一相对沉降值（即 s/d，d 为承压板直径）的压力评定地基土承压力。

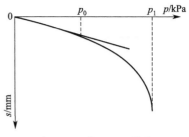

图 15.4　典型 p-s 曲线

④ 承载力基本值 f_0 可按现行国家标准《建筑地基基础设计规范》（GB 50007）确定。

a. 比例界限明确时，取该比例界限所对应的荷载值，即 $f_0 = p_i$；

b. 当极限荷载能确定时（且该值小于比例界限荷载值 1.5 倍时），取极限荷载值的一半，即 $f_0 = p_1/2$；

c. 不能按照上述两点确定时，以沉降标准进行取值，若压板面积为 $0.25 \sim 0.50 \text{m}^2$，对低压缩性土和砂土，取 $s = (0.01 \sim 0.015)b$ 对应的荷载值；对中、高压缩性土，取 $s = 0.02b$ 对应的荷载值。

⑤ 变形模量计算应符合下列规定：

a. 浅层平板载荷试验法可按下列公式计算：

$$E_0 = 0.785(1 - \mu^2)D_c \frac{p}{s} \quad （承压板为圆形） \tag{15.1}$$

$$E_0 = 0.886(1 - \mu^2)a_c \frac{p}{s} \quad （承压板为方形） \tag{15.2}$$

b. 深层平板载荷试验法可按下式计算：

$$E_0 = \omega' D_c \frac{p}{s} \tag{15.3}$$

式中　E_0——试验土层的变形模量，kPa；

μ——土的泊松比（碎石取 0.27，砂土取 0.30，粉土取 0.35，粉质黏土取 0.38，黏土取 0.42）；

D_c——承压板的直径，cm；

p——单位压力，kPa；

s——对应于施加压力的沉降量，cm；

a_c——承压板的边长，cm；

ω'——与试验深度和土类有关的系数，可按表 15.2 选用。

表 15.2　深层载荷试验计算系数 ω'

土类	碎石土	砂土	粉土	粉质黏土	黏土
$d/z = 0.30$	0.477	0.489	0.491	0.515	0.524
$d/z = 0.25$	0.469	0.480	0.480	0.506	0.514
$d/z = 0.20$	0.460	0.471	0.471	0.497	0.505
$d/z = 0.15$	0.444	0.454	0.454	0.479	0.487
$d/z = 0.10$	0.435	0.446	0.446	0.470	0.478
$d/z = 0.05$	0.427	0.437	0.437	0.461	0.468
$d/z = 0.01$	0.418	0.429	0.429	0.452	0.459

⑥ 平板载荷试验的记录格式见表 15.3。

土／力／学／试／验／指／导

表 15.3　平板载荷试验的记录表

任务单号			试验者	
试验地点			计算者	
试验深度			校核者	
试验方法			试验日期	
承压板面积			气候条件	
试验环境			土层性状	
仪器名称及编号				

加荷时间	读数时间	单位压力 p/kPa	沉降量 s/cm								平均沉降量/cm	累积沉降量/cm	备注
			A		B		C		D				
			读数	沉降	读数	沉降	读数	沉降	读数	沉降			

探索思考题

地基的破坏模式有哪几种？它们的特征是什么？

参 考 文 献

[1]　GB/T 50123—2019 土工试验方法标准［S］.

[2]　JTG E40—2007 公路土工试验规程［S］.

[3]　SL237—1999 土工试验规程［S］.

[4]　DGJ08-11—2017 地基基础设计规范［S］.

[5]　JTG/T 3610—2019 公路路基施工技术规范［S］.

[6]　TB 10621—2014 高速铁路设计规范［S］.

[7]　侯龙清，黎剑华.土力学试验［M］.中国水利水电出版社，2012.

[8]　刘东.土力学实验指导［M］.中国水利水电出版社，2011.

[9]　杨晓迎，李强，王常晶，陈荣法.土力学试验［M］.浙江大学出版社，2007.

[10]　朱秀清.土力学实验指导［M］.中国水利水电出版社，2017.

[11]　阮波，张向京.土力学试验［M］.武汉大学出版社，2015.

[12]　孙红月.土力学实验指导［M］.中国水利水电出版社，2010.

[13]　朱秀清，周莉，王旭.工程专业认证背景下《土力学实验指导》教材编写思考［J］.教育教学论坛，2018
　　　（5）：69-70.

[14]　梁令枝.考虑土体固有各向异性的三轴和直剪试验的研究［C］.第19届全国结构工程学术会议论文集（第
　　　Ⅱ册）.北京：《工程力学》杂志社，2010，282-285.

[15]　高彦斌.上海地区第4层淤泥质黏土灵敏性试验与分析［J］.同济大学学报：自然科学版，2015（43）：
　　　140-145.

[16]　吴秀勤.不同剪切试验数据差异性比较［J］.浙江建筑，2007，24（05）：33-36.

[17]　刘延志.杭州市粉土各向异性特性室内试验研究［D］.杭州：浙江工业大学，2011.

[18]　张鸿迪.黄土地区高速铁路路基填料的改良试验研究［D］.兰州：兰州交通大学.2015.

[19]　王洪绪，张卫华，刘永胜.江苏沿海饱和粉土三轴试验的研究［J］.港工技术，2018，55（2）：111-115.

[20]　殷春娟，赵云祥.镇江市下蜀黄土三轴与直剪试验强度指标关系［J］.西部探矿工程，2007（10）：58-60.